Ingo Vögele

Wie Sie Kunden gewinnen

Ingo Vögele

WIE SIE KUNDEN GEWINNEN

Erfolge online und im lokalen Umfeld

2., bearbeitete Auflage

UVK Verlagsgesellschaft mbH
Konstanz und München

Bibliografische Information der Deutschen Bibliothek
Die Deutsche Bibliothek verzeichnet diese Publikation in der Deutschen Nationalbibliografie; detaillierte bibliografische Daten sind im Internet über <http://dnb.ddb.de> abrufbar.

ISBN 978-3-86764-745-8

Einbandgestaltung: Susanne Fuellhaas, Konstanz

UVK Verlagsgesellschaft mbH
Schützenstr. 24 · 78462 Konstanz
Tel. 07531-9053-0 · Fax 07531-9053-98
www.uvk.de

Vorwort

Haben Sie genug Kunden?

Wetten, dass Sie, wie 9 von 10 Unternehmern, an dieser Stelle zugeben werden, dass es durchaus mehr (oder andere) sein dürften?

Dann möchte ich Ihnen mit diesem Buch einen schnellen und praxisnahen Überblick über die wichtigsten Möglichkeiten und Marketing-Module zur Kundengewinnung online und in Ihrem lokalen Umfeld bereitstellen. Suchen Sie sich das für Sie passende Instrument (oder besser eine strategische Kombination mehrerer Maßnahmen) heraus, und gehen Sie besser heute als morgen damit auf Kundenfang!

Sollten Sie zu den wenigen Unternehmern gehören, die von der Kapazität her am Anschlag operieren und mit ihrer Ertragslage mehr als zufrieden sind, dann empfehle ich Ihnen trotzdem weiterzulesen – denn die neuen Kontakte, die Sie heute gewinnen können, sind vielleicht schon morgen Ihre neuen Kunden. Wissen Sie ganz sicher, was morgen sein wird?

Aus meiner nun 25-jährigen Berufspraxis in der Beratung von mittelständischen Unternehmen aller möglicher Branchen und Betriebsgrößen weiß ich, dass kontinuierliche Kundengewinnung/Akquisition die wichtigste strategische Maßnahme zur Sicherung des Wachstums, ja sogar zur Zukunftssicherung von Unternehmen ist.

In 23 mit praktischen Beispielen gespickten Kapiteln erhalten Sie hier direkt umsetzbare Tipps und weiterführende Informationen für die erfolgreiche Kundengewinnung online und in Ihrem lokalen Umfeld..

Auch online zu Erfolgen

Die Potenziale für Ihre Kundengewinnung sind online – schon aufgrund der weltweiten Vernetzung – nahezu unbegrenzt. Es kommt eben darauf an, wie weit Ihr Aktionsradius reicht (oder reichen soll). Darüber hinaus erreichen Sie online womöglich neue Kunden, die direkt in Ihrer Nachbarschaft leben, die Sie aber über klassische Kommunikationsmaßnahmen nicht erreichen.

Suchen Sie sich also das für Sie passende Instrument (oder besser eine strategische Kombination mehrerer Maßnahmen) heraus, und gehen Sie damit besser heute als morgen auf Kundenfang!

Mit diesem Ratgeber haben Sie alle Tipps an der Hand, um per Kundengewinnung Ihr Wachstum und Ihren persönlichen Erfolg als Unternehmer zu sichern.

Nun wünsche ich Ihnen eine gute und inspirative Lektüre und freue mich auch auf Ihr Feedback in den sozialen Medien!

Ihr Ingo Vögele

Unternehmensberater

Geschäftsführender Gesellschafter
modus_vm GmbH & Co. KG
Unternehmensberatung für modulares Marketing Stuttgart

Mitglied im IBWF/BVMW-ExpertenRing Region Stuttgart

- Facebook: www.facebook.com/modusvm
- twitter: www.twitter.com/modus_vm
- XING: www.xing.com/profile/Ingo_Voegele

Inhalt

1 Kundengewinnung durch Marktforschung

Nichts ist eleganter, um Kunden an ein neues Produkt oder eine neue Dienstleistung heranzuführen, als eine unverbindliche Probe, Teststellung oder Verkostung. Voraussetzung für den Erfolg einer solchen Maßnahme ist natürlich, dass Ihr Angebot einen wesentlichen Mehrwert, deutlicheren Kundennutzen oder bislang unbekannte Eigenschaften gegenüber vergleichbaren Mitbewerbern besitzt. Ebenso ist es natürlich immer ein zugkräftiges Argument, wenn Ihre Leistung im Vergleich zu bereits am Markt bekannten Angeboten einen deutlichen Preisvorteil bietet.

Nach dem Motto „**Wenn der Berg nicht zum Propheten kommt, muss der Prophet eben zum Berg gehen**" können Sie Ihre Leistungen zum potenziellen Kunden bringen. Völlig unverfänglich kann sich so der aufgeschlossene „Noch-nicht-Kunde" mit Ihrer Leistung auseinandersetzen, es besteht schließlich kein Kaufzwang. Aber Achtung: Vor allzu freizügiger Streuung von Warenproben oder kostenlosen Dienstleistungen warne ich an dieser Stelle deutlich. Das kann Sie eine Menge Aufwand und Geld kosten und bringt am Ende nicht das gewünschte Ergebnis.

Warum „Marktforschung"?

Ihre Erfolgschancen steigen mit der Interaktion, also den direkten Kommunikationsmöglichkeiten. Koppeln Sie den Test stets an eine detaillierte Befragung und holen Sie sich ein umfassendes Feedback ein!

- Der so befragte Kunde ist in Ihr Thema involviert, d. h. er merkt, dass seine Meinung wichtig für Sie ist.
- Sie erhalten wertvolle Informationen über Markthemmnisse oder Verbesserungsmöglichkeiten.
- Sie können eventuellen Einwänden sofort 1:1 begegnen.
- Sie erfahren viel über die Kundeneinstellung zu Wettbewerbsprodukten.
- Sie sammeln Kontaktinformationen für Ihre weiteren Marketingmaßnahmen, z. B. Adressen für Ihren Newsletter-Dienst oder Direktmailings.

Die Vorgehensweise

So unterschiedlich wie die verschiedenen Wirtschaftszweige, die Produkte und Leistungen sowie die Zielgruppen/potenziellen Kunden (Geschäftskunden oder Endverbraucher) ist auch die richtige Vorgehensweise. Den einzigen goldenen Tipp kann es daher leider an dieser Stelle von mir nicht geben.

- Grundsätzlich sollten Sie jedoch Ihre Wunschkunden selektieren und überlegen, wo und wie Sie diese zielgerichtet erreichen. Persönlich auf dem Marktplatz, an der Haustür, auf einer Fachmesse, telefonisch, per **Direktmailing**, über **Social Media**...?
- Formulieren Sie Ihre klare Botschaft: „Testen Sie kostenlos und unverbindlich ... und sagen Sie uns, was Sie von ... halten“.
- Bei Leistungen für Geschäftskunden können Sie, insbesondere bei neuen Produkten oder Leistungen, das Statement des Testers (natürlich mit dessen Genehmigung) u. U. als **Referenz** nutzen.

- Denken Sie sich aus, was Sie als Dankeschön anbieten können!
- Fassen Sie unbedingt nach!

In der Regel generieren Sie über diese Maßnahme direkt neue Kunden, denn ein gewisser Teil der Befragten wird idealerweise von Ihrem Angebot begeistert sein – sofern das Angebot stimmt.

Beispiele

Um die Sache greifbar zu machen, gebe ich Ihnen hier einige Beispiele, die ich erfolgreich mit Kunden durchgeführt oder „auf der anderen Seite“ als potenzieller Kunde erlebt habe:

1. Bäckerei / Verkostung von Brezeln

Kostenlose Verteilung von Brezeln durch Hostessen an den Haustüren in den umliegenden Wohngebieten. Beigefügter Fragebogen mit Imagedarstellung und Gewinnmöglichkeit eines einjährigen Brezel-Abos bei Rückgabe des Fragebogens in der Filiale.

2. Hersteller von Büromöbeln / Probestellung eines neuen Bürostuhls

Nach telefonischer Vorankündigung erfolgt die Anlieferung eines Bürostuhls, mit der Möglichkeit, diesen für 14 Tage in der Praxis zu erproben. Kurz vor der Abholung erfolgt eine kurze telefonische Befragung zu Design, Ergonomie und Preis. Durch die Auslobung eines Sonderpreises könnte hier u. U. die Abholung vermieden werden (was in diesem Fall zu meiner Verwunderung nicht erfolgt ist).

3. Mineralbrunnen / Verkostung eines Produktes in Getränkemärkten

Sie kennen das bestimmt! Im Getränkemarkt oder Lebensmitteleinzelhandel stehen immer wieder Propagandisten mit Verkostungen bereit. Aber: Hier sollte es nicht (nur) darum gehen, kurzfristig den Absatz einer Marke zu forcieren, sondern die Verbrauchermeinung einzuholen und – natürlich – Adressen zu generieren. Leider beschränken sich diese Initiativen viel zu oft darauf, lediglich ein Werbegeschenk oder eine Zugabe zu verteilen. Die Chance zum nachhaltigen Dialog wird oft verpasst.

4. Kosmetik / Verbraucherbefragung über Sonnenschutz-Kosmetik

Ein aus marketingtechnischer Sicht vorbildliches Beispiel habe ich am Strand auf den Kanaren erlebt. Ein Promotion-Team „interviewte" meine Familie und mich über unsere Gewohnheiten und Präferenzen bezüglich der Sonnenschutz-Kosmetik. Nach der Erfassung unserer Daten und Neigungen offerierte man uns eine großzügige kostenlose Warenprobe, die mehrere Flaschen eines neuen Produktes in Schaumform mit unterschiedlichsten Schutzfaktoren enthielt. Nachdem wir wieder zu Hause angekommen waren, erhielten wir – wie angekündigt – einen Anruf, bei dem wir zu unseren Erfahrungen mit diesem Produkt befragt wurden. Viele weitere Beispiele könnte ich hier nennen, auch im Bereich der Dienstleistungen, doch das würde den Rahmen sprengen. Mit etwas Kreativität und/oder guter Beratung fällt Ihnen bestimmt eine geeignete Möglichkeit ein, Ihren „Berg" zum „Propheten" zu holen.

2 Kundengewinnung durch ehrenamtliche Aktivitäten

Für eine erfolgreiche Kundengewinnung gibt es die unterschiedlichsten Strategien, Marketing-Module und Werbemaßnahmen.

Das Naheliegendste wird aber häufig übersehen: die persönliche Bekanntschaft oder das sogenannte „**Vitamin B**". Natürlich hilft ein großer – aktiv gepflegter – persönlicher Bekanntenkreis sehr bei der Gewinnung neuer Kunden über „**Mund-zu-Mund-Propaganda**". Dies gilt insbesondere, wenn man sich im Einzelhandel, im Handwerk oder in der Gastronomie selbstständig macht. Wenn Sie aber z. B. Spritzgussteile herstellen, dann schränkt sich der persönliche Bekanntenkreis als potenzielle Abnahmequelle in der Regel doch stark ein. Also gilt es, sich in Organisationen der Zielgruppe, z. B. in **Fachverbänden**, zu organisieren und zu engagieren – sprich: sich einen Namen zu machen. Hierbei eignet sich insbesondere die Übernahme von Verantwortung in Form von **ehrenamtlichen Aktivitäten.**

Meine persönliche Erfahrung bestätigt mir, dass es sich absolut lohnt, sich auf verschiedenen Ebenen, in verschiedenen Organisationen einzubringen. Ein beliebtes Klischee besagt ja, dass die besten Geschäfte auf dem Golfplatz gemacht werden. Das mag tatsächlich stimmen. Ganz so „sophisticated" muss man da aber nicht herangehen, denn auch im Kleintierzüchter- oder Sportverein sitzen mitunter genügend interessante Geschäftsleute und somit potenzielle Kunden. Idealerweise engagiert man sich in lokalen, regionalen oder überregionalen Organisationen, in denen man seine Zielkunden vermutet und diese dann auch sukzessive persönlich kennenlernt. Neben der rein passiven Mitgliedschaft hilft es natürlich sehr, wenn man eine exponierte Funktion bzw. ein **Ehrenamt** übernimmt, z. B. als Beirat, Vorstand, Kassierer, Schriftführer, Pressesprecher...

Darüber hinaus sollte man natürlich auf wichtigen Veranstaltungen, Vorträgen etc. präsent sein und die Gelegenheit zum **Smalltalk** mit anderen Gästen nutzen. Irgendwann kommt immer die Frage: „Und was machen Sie denn so?“ – dies ist die große Chance und der erhebliche Vorteil gegenüber einem virtuellen sozialen Netzwerk.

Meine Erkenntnisse beruhen auf den Tätigkeiten als Beirat und Pressesprecher im hiesigen Handels- und Gewerbeverein (dem VVF e.V.) und als Leiter des Arbeitskreises „Marketing“ sowie als Mitorganisator einer regionalen Veranstaltungsreihe im größten deutschen Beraternetzwerk für Unternehmensberater, Steuerberater und Rechtsanwälte (dem IBWF e.V. – Kooperationspartner des BVMW e.V.). Die Aufträge, die ich in diesen Netzwerken oder über sie in den vergangenen Jahren gewonnen habe, tragen erheblich zum Erfolg meines Unternehmens bei.

Aber Achtung: Der Zeitaufwand ist nicht unerheblich und der Erfolg stellt sich nicht über Nacht ein. **Es ist Geduld gefragt**, darüber muss man sich im Vorfeld klar sein.

Meine Lieblings-Anekdote zu diesem Thema

Einen sehr guten und langjährigen Kunden konnten wir gewinnen, da mich der Senior-Chef dieses Unternehmens auf einem Fachvortrag in einem Stuttgarter Hotel hörte und mich wenige Minuten danach, auf der Toilette neben mir stehend, bat, doch mal unser Leistungsspektrum in seinem Unternehmen persönlich vorzustellen. Davor hatten wir über ein Jahr Akquise beim Markting- und Vertriebsleiter betrieben – ergebnislos. Tja, so kann es gehen.

3 Kundengewinnung durch Guerilla-Marketing

Um möglichst schnell und zielgerichtet eine große Aufmerksamkeit bei potenziellen neuen Kunden zu erregen, bieten sich besonders spektakuläre Maßnahmen des sog. „Guerilla-Marketings" an. Unter diesem Oberbegriff werden alle Maßnahmen zusammengefasst, die eine Zielgruppe mit unkonventionellen Methoden über unkonventionelle Kanäle erreicht. Dies findet häufig am Rande der Legalität statt und erfordert ein enormes Maß an Kreativität, Mut bzw. auch die Bereitschaft, eventuelle Abmahnungen oder Strafen hinzunehmen. Eine exakte Definition gibt uns Wikipedia.

Taktiken des Guerilla-Marketings

Nach Wikipedia gibt es (auszugsweise) folgende Beispiele für Taktiken:

- Mundpropaganda
- den Konsumenten bei seiner täglichen Tätigkeit erreichen, z. B. durch E-Mails
- Sticker- und Plakat-Kampagnen
- „Stirn-/Headvertise"-Kampagnen
- Bluejacking: Senden einer persönlichen Nachricht via Bluetooth
- Fahrzeugwerbung
- T-Shirts
- Schleichwerbung

- Werbung auf dem Kassenbon
- Streetbranding: Anbringen von Schablonenbildern o.Ä. auf Straßen oder Wänden
- Projektion von Bildern, Texten oder Videos auf öffentlichen Flächen.

Mit dieser Auflistung bin ich allerdings nicht ganz einverstanden, denn da ist doch einiges unscharf. So würde ich z. B. Mundpropaganda dem Empfehlungsmarketing zuschreiben. E-Mail-Marketing ist für mich ein eigenständiges Marketinginstrument, es sei denn, man möchte Spam-Mails als „Guerilla-Taktik" bezeichnen. Fahrzeugwerbung und T-Shirts sind eher schon den klassischen Maßnahmen zuzuordnen, außer man platziert sein Fahrzeug direkt vor dem Gebäude des Wettbewerbers und zeigt sich mit seinem T-Shirt geschickt vor einer Fernsehkamera. Werbung auf dem Kassenbon würde ich eher unter **Kundenbindungsmaßnahmen** einsortieren.

Guerilla-Marketing ist, wie der an eine besondere Form der kleinteiligen Kriegsführung (gegen einen übermächtigen Gegner) angelehnte Name unmissverständlich klarmacht, radikaler, öffentlichkeitswirksamer und überraschender.

Bekannte und bemerkenswerte Beispiele

Da gerade bei dieser Form des Marketings Kreativität, Originalität und Frechheit mehr gefragt sind, als sämtliche wissenschaftliche Definitionen vermuten lassen, hier einige richtungsweisende Beispiele zur Illustration der vielfältigen Möglichkeiten:

- die Beer Babes bei der FIFA-WM 2006: Schleichwerbung ohne Werbung
- ganz ähnlich gelagert, aber noch viel plumper und vielleicht dadurch erfolgreicher: die Dekolleté-Schleichwerbung durch das Model Larissa Riquelme bei der FIFA-WM 2010 in Südafrika
- die Arschkriecher-Aktion im Millerntor-Stadion: provokante Werbeaktion für jobsintown.de (https://www.jobsintown.de/fileadmin/jobsintown/werbekampagne/jobsintown-arschkriecher.pdf)
- das Cellulite-Sofa als plausible Visualisierung der Wirkung von Nivea
- die Leiche im Kofferraum als dramatische Kampagne für die Mafia-Fernsehserie „The Sopranos"
- der Parkbankstempel als sehr hautnahe Kampagne für Shorts der Modemarke „Superette"
- die Muschelfalle – eine schöne, auf die typisch menschliche Neugier abzielende Aktion eines Restaurants in Mumbai, Indien
- der Castor-Coup von Sixt – eine legendäre Aktion, bei der sich Propagandisten von Sixt öffentlichkeitswirksam unter Anti-Atomkraft-Demonstranten gemischt haben
- der Zebrastreifen von Meister Proper – eine saubere Straßenaktion, die sofort verständlich ist

- der Mercedesstern von Mercedes Benz – eine preisgekrönte Aktion als Einladung zur Testfahrt
- die Aktion Jeep Parking – mit ganz wenig Farbe ist vieles ausgesagt (http://www.jeepfan.com/tech/talk-about-jeep-parking-only)
- die Post-it-Aktion von Germanwings – an allen Briefkästen im gesamten Stadtbezirk (http://www.unternehmer-impulse.de/images/stories/blog/layout/Guerilla_Germanwings.jpg)
- die Aktion Dramatic Surprise – eine aufwendige Guerilla-Maßnahme eines belgischen Fernsehsenders (https://www.youtube.com/watch?v=316AzLYfAzw)

Allen Maßnahmen ist gemeinsam, dass sie für ein vergleichsweise kleines Budget (bis auf das letzte Beispiel) eine enorm große Wirkung entfacht haben, direkt vor Ort als **Mund-zu-Mund-Propaganda** und speziell durch die massive nachfolgende Medienpräsenz sowie die massenhafte virale Verbreitung in Foren, Blogs und Sozialen Netzwerken.

Eine kleine Anekdote aus eigener Erfahrung will ich noch zum Besten geben. Denn es gibt natürlich auch Guerilla-Maßnahmen, die im B-to-B-Bereich eingesetzt werden können:

Hierzu blicke ich einige Jahre zurück, als ich einen der größten europäischen Fachverbände für Küchenspezialisten betreute. Damals, wie heute, war der Wettkampf um Mitglieder enorm und es waren geradezu unerbittliche Vertriebsaktivitäten aller konkurrierenden Verbände damit gebunden, sich gegenseitig die „Kunden“ abzunehmen. In der Spitze führte das so weit, dass anlässlich einer Jahreshauptversammlung des Verbandes „X“ mitten in der Nacht an alle Hotelzimmertüren der über 300 Tagungsteilnehmer sog. „Welcome-Packages“ des konkurrierenden Verbandes „Y“ gehängt wurden. Darin enthalten: eine edle Dokumentenmappe mit der Auflistung der Vorteile einer Mitgliedschaft im Verband „Y“, ein Mitgliedsantrag, Prospektmaterial und mehrere hochwertige Schreibgeräte. Die unverschämte Aktion zog natürlich ihre Wellen und überschattete somit diese Verbandstagung erheblich – also ein Erfolg!

Aber genau hier sind wir auch bei den Schattenseiten des Guerilla-Marketings. Diese Maßnahmen sind in erster Linie dazu geeignet, Aufmerksamkeit zu erregen. Bestenfalls, wenn die Aktion gut gemacht ist, erzeugt man auch noch **Sympathiewerte.**

Dies sind zwar die ersten beiden Hürden auf dem Weg zu einer positiven (Kauf-)Entscheidung, also Kundengewinnung. Für eine reine und direkte Kundengewinnungsstrategie kann Guerilla-Marketing alleine aber nicht dienen. Es kann nur ergänzend, eingebettet in ein **strategisches Kommunikationskonzept**, eingesetzt werden und auch nur, wenn es sich um eine wirklich originelle Aktion handelt.

Mögliche rechtliche Konsequenzen

Wenn Sie nun inspiriert sind und für Ihr Unternehmen eine solche Kampagne oder Aktion planen, dann sollten Sie sich auf jeden Fall vorher Tipps von einem qualifizierten Marketingberater und einem auf Wettbewerbsrecht spezialisierten Fachanwalt einholen. Über mögliche rechtliche Konsequenzen, z. B. bei einer unangemeldeten Aktion im öffentlichen Raum, sollten Sie vorher Bescheid wissen und abwägen, ob Sie das Risiko auf sich nehmen. Darüber hinaus sind nationale, regionale und kommunale Besonderheiten zu beachten, z. B. gelten in deutschen Städten ganz unterschiedliche Bestimmungen (und Genehmigungsverfahren) für **Werbeaktionen im öffentlichen Raum.** Auch die Strafen für wildes Plakatieren etc. unterscheiden sich, was die Standortauswahl für Ihre Aktion beeinflussen sollte.

Kundengewinnung durch Kooperationen

Erfolgreiche Jagd im Verbund

Wenn man einmal (und das ist für mich ein sehr zutreffendes Bild) die Kundengewinnung von Unternehmen mit der Jagd nach Nahrung bei Tieren in freier Wildbahn vergleicht, dann gibt es eine deutliche Parallele:

> Bei der Jagd sind immer die am erfolgreichsten, die **gut koordiniert in einer Gruppe agieren.**

Will heißen: Der Aufwand für den Einzelnen reduziert sich, die Chance auf den gemeinsamen Fang wird maximiert und die Beute wird (beispielsweise bei einem Löwenrudel) geteilt.

Die beiden ersten Vorteile einer gemeinsamen Jagd können bei einer strategisch-kooperativen Kundengewinnung 1:1 angewandt werden, nämlich **reduzierter Aufwand und höhere Chance auf Erfolg.** Die sog. Beuteteilung fällt im unternehmerischen Bereich allerdings ganz anders aus, denn es werden sich hier wohl kaum zwei „Artgenossen" um den neuen gemeinsamen Kunden balgen. Ferner bestimmt nicht das Gesetz des Stärkeren, sondern es gibt **klare Vereinbarungen**, wie geteilt wird.

Durch Kooperation Mehrwerte schaffen

Erfolgreiche gemeinsame Kundengewinnung kann nur dann funktionieren, wenn die beteiligten Partner sich in ihren Leistungen klar abgrenzen und durch die Kombination ihrer unterschiedlichen Leistungen einen spürbaren **Kundennutzen mit Mehrwert** bilden. Der Kunde ist also der Nutznießer einer solchen Kooperation, nicht das „Opfer".

Ideale Kombinationen, inspirative Beispiele

- Zielgruppenorientierte Kooperationen, z. B. für angehende Brautpaare
- Lokale Handwerkerkooperationen, wie z. B. Elektriker, Maler, Fliesenleger und Sanitär-Installateur
- Beratende Berufe, z. B. Unternehmensberater, Steuerberater und Rechtsanwälte
- Automobile, Versicherungsleistungen und Finanzdienstleistungen
- Vertriebskooperationen und strategische Allianzen, z. B. durch verschiedene Hersteller innerhalb einer Branche
- Handelsverbände als Leistungsgemeinschaft verschiedener Industrie- und Handelszweige
- ...

Allen diesen Kooperationen und Vereinigungen ist gemeinsam, dass der Kunde durch den direkten Zugriff auf die jeweils anderen Leistungen einen enormen Vorteil hat

– idealerweise durch weniger Aufwand bei der Beschaffung dieser Leistung, durch geprüfte Qualifikationen, bequemere Abwicklung, schnellere Bedienung und/ oder vergünstigte Konditionen.

Auf den Punkt gebracht

Die Leistungen Ihres Unternehmens gewinnen deutlich an Attraktivität für neue Kunden, wenn Sie diese erfolgreich mit **Zusatzanreizen** von außen anreichern. Analysieren Sie also genau Ihre Kunden bzw. Zielgruppen und suchen Sie sich Partner, die gemeinsam mit Ihnen eine echte **Bereicherung Ihrer Leistungen** bieten können. Bei der Recherche geeigneter Partner und dem Aufbau solcher Kooperationen steht Ihnen gerne ein versierter Unternehmensberater zur Seite.

5 Kundengewinnung durch Netzwerke und Verbände

Wir leben definitiv in der Ära des Netzwerkens. Unser gesamtes wirtschaftliches und privates Zusammenleben scheint plötzlich auf der Basis dieser Beziehungsgeflechte aufgebaut zu sein. Sogenannte Soziale Netzwerke drängen massiv in unseren Alltag und machen uns glauben, dass ohne sie nichts mehr geht. 28 Millionen Menschen nutzen Facebook in Deutschland aktiv, 21 Millionen davon jeden Tag (Februar 2016, Quelle: allfacebook.de). Dabei ist der Gedanke, sich zu vernetzen, um gemeinsam Vorteile zu generieren, gar nicht so neu und gar nicht so virtuell.

> Bei uns hier in Württemberg gibt es seit Jahrhunderten die erfolgreiche Netzwerkarbeit namens „**Vetternwirtschaft**"; bei guter Vernetzung zwischen Politik und Wirtschaft oder innerhalb der Wirtschaft redet man von „**Seilschaft**"; und dann gibt es ja noch das bewährte historische Vorbild moderner Netzwerke: die **Burschenschaften** und **Zirkel.**

Eines war und ist in allen Systemen jedoch gleich: Sie nutzen nur denen, die wirklich fest integriert sind.

Aber zurück zum Thema Akquisition: Ist die erfolgreiche Kundengewinnung außerhalb einer guten Vernetzung heute überhaupt noch möglich? Hierzu sage ich ganz klar: Jein!

Netzwerk ist nicht gleich Netzwerk. Es kommt ganz darauf an, welche Intention und welche Profession man verfolgt. So kann z. B. ein florierendes Soziales Netzwerk wie Facebook für einen Gastronomen oder Dienstleister mit der Zielgruppe „Privatkunden“ ausgesprochen hilfreich bei der Neukundengewinnung (und der Kundenbindung gleichermaßen) sein. Für einen Anbieter von technischen Bauteilen für die Industrie sieht die Sache aber derzeit noch ganz anders aus (wobei sich diese Szene gerade ausgesprochen dynamisch entwickelt). Momentan sind hier sicherlich **Fachverbände**, die sich um die ureigenen Anliegen einer spezifischen Branche kümmern, noch zielführender. Wichtig ist, dass man eng mit potenziellen Kunden, Lieferanten und Mitarbeitern in Kontakt kommt, sich und seine Leistungen bekannt machen sowie seine Kompetenz darstellen kann. Ein direkter Austausch und eine gewisse Zurschaustellung der eigenen Kompetenzen gehören heute einfach zum Handwerk – und da bieten Verbände und Netzwerke durchaus eine geeignete Plattform. Im Ernstfall kann eine professionelle Beratung, z. B. durch einen erfahrenen Unternehmensberater helfen, die richtige Strategie einzuschlagen und Irrwege zu vermeiden.

Differenzierung Netzwerke und Verbände

Bevor ich hier die aus meiner Sicht wichtigsten Unterscheidungsmerkmale benenne, will ich ganz kurz noch auf eine Organisationsform verweisen, die je nach individueller Ausprägung mehr oder weniger deutliche Ähnlichkeit mit Netzwerken und Verbänden hat: Kooperationen. Diese spezielle Art der unternehmerischen Zusammenarbeit habe ich bereits im letzten Kapitel ausführlich beschrieben.

Netzwerke

Netzwerke sind in der Regel flach organisiert und leben vom Miteinander mehrerer oder vieler Akteure auf Augenhöhe, d. h. **ohne hierarchische Strukturen.** Genau dies macht auch den Reiz für viele Mitwirkende aus, denn man begegnet sich in Netzwerken ohne Vorbehalte und hat direkten Nutzen von den Fähigkeiten oder Angeboten der Partner. In Netzwerken kann man sowohl im Einkauf, der Forschung, der Produktion, der Personalbeschaffung... als auch im Vertrieb dadurch profitieren, eine größere, schlagkräftigere Einheit zu bilden.

Professionelle Netzwerke von Unternehmen (vornehmlich kleinerer Unternehmen bis hin zu Freiberuflern) bilden oft das ab, was größere Unternehmen in ihren Organisationsstrukturen statisch als umfassendes Leistungsportfolio vorhalten.

Bei der Kundengewinnung helfen Netzwerke durch Außen- und Innenwirkung.

- **Außenwirkung:** Durch gelebte Netzwerkpartnerschaften verfügt der Einzelne über erweiterte Fähigkeiten oder Kapazitäten und kann somit dem potenziellen Auftraggeber einen echten Mehrwert anbieten.
- **Innenwirkung:** Als verlängerte Werkbank hat jeder Netzwerkpartner die potenzielle Chance, bei Projekten /Aufträgen eines anderen Netzwerkpartners mit hinzugezogen zu werden – Neukundengewinnung quasi aus der Substanz des Netzwerkes heraus.

Die Kombination dieser beiden Wirkungen macht professionelle Netzwerke bei der Neukundengewinnung sehr attraktiv.

Beispiel

Als Unternehmensberater mit der klaren Spezialisierung auf Marketing, Vertrieb und Kommunikation bin ich im Rahmen des IBWF-Beraternetzwerks bundesweit mit weiteren zertifizierten Unternehmensberatern anderer Spezialisierungen, mit Patentanwälten, Rechtsanwälten, Notaren, Steuerberatern und Wirtschaftsprüfern verbunden. Insgesamt über 800 Partner stehen mir also zur Verfügung bezüglich ihrer spezifischen Leistungen oder ihrer lokalen Präsenz. Schon viele dieser Kollegen konnte ich in Kundenprojekte mit einbeziehen und schon viele dieser Kollegen haben mich in ihre laufenden Projekte mit einbezogen. So macht das Netzwerken Spaß und nutzt sowohl den Kunden als auch mir.

Die sogenannten Sozialen Netzwerke bilden dieses Prinzip heute im großen Stil virtuell ab, d. h. hier können sich nun weltweit Gleichgesinnte kennenlernen, zusammenschließen, austauschen – sprich: vernetzen – und genau diese o.g. Synergien bilden.

Verbände (auch Innungen, Kammern und Genossenschaften)

Verbände stehen eher für die Funktion einer gemeinsamen **Interessenvertretung** und haben in der Regel eine hierarchische Organisation mit übergeordneter Geschäftsführung oder einer vereinsähnlichen Vorstands- und Beiratsstruktur. Idealerweise sehen die Verbände ihre Mitglieder als „Eigentümer“ und betreuen diese mit einer Vertriebsstruktur durch eine regional oder fachlich gegliederte Vertriebsorganisation, z. B. durch Verbandsbeauftragte. Verbände haben in der Regel eine oder mehrere klare Funktionen, z. B. Einkauf, Marketing, Vertrieb oder politische Lobbyarbeit, mit der sie ihre Mitglieder als größere Einheit potenter repräsentieren können, als diese es als Einzelunternehmen könnten. Durch die entstehenden **Synergieeffekte** genießt jedes Mitglied **Wettbewerbsvorteile**, z. B. durch besseren Einkauf oder bessere wirtschaftspolitische Rahmenbedingungen. Darüber hinaus können Verbände (deshalb sind sie hier erwähnt) durchaus bei der Kundengewinnung von großem Vorteil sein. Zum Beispiel in der Funktion als **Marketinggemeinschaft**, indem sie für ihre Mitglieder Marketingmaßnahmen und -Materialien entwickeln, die diese sich im professionellen Umfang so nicht leisten könnten. Ganz interessant sind Verbände, deren Mitgliedermanagement stark von Netzwerkbildung mit allen oben genannten Vorteilen geprägt ist, denn dann tritt auch innerhalb eines Verbandes die bereits erwähnte **Innenwirkung** auf: Potenzielle Auftraggeber und Auftragnehmer lernen sich innerhalb dieser Organisation kennen.

Beispiel

Die Partnerorganisation meines o.g. **IBWF-Beraternetzwerks** ist der **BVMW, Bundesverband mittelständische Wirtschaft e.V.**, der schwerpunktmäßig und öffentlichkeitswirksam mit seinem prominenten Präsidenten Mario Ohoven für die Belange des Mittelstandes kämpft. Aktuell z. B. die Kampagne zur Unterstützung einer Bundestags-Petition für bezahlbaren Strom – also klassische politische Lobbyarbeit. Darüber hinaus bietet dieser Verband seinen Mitgliedern neben vielen weiteren Vorteilen auch eine wirkungsvolle Netzwerkarbeit vor Ort, gesteuert durch die auf regionaler Ebene aktiven Verbandsbeauftragten. Im Rahmen dieser Aktivitäten, z. B. von zahlreichen Veranstaltungen, habe ich auch in Sachen Kundengewinnung bislang beste Erfahrungen sammeln können.

Passive Mitgliedschaft genügt nicht

Keine Mitgliedschaft spült einem Unternehmer frei Haus Kunden zu. Sehen Sie bitte Ihre Mitgliedschaft in einem Netzwerk oder einem Verband als reine Eintrittskarte. Auf dem hier bereitgestellten Parkett müssen Sie sich aktiv präsentieren und mit anderen Partnern Anknüpfungspunkte suchen. Indem Sie Vorträge halten, sich in verantwortlicher Position ehrenamtlich engagieren, speziell für andere Mitglieder Angebote schaffen, diese erfolgreich empfehlen oder gar in Ihre Projekte einbinden, erreichen Sie nach und nach die notwendige **Vertrauensposition.** Das alles geht natürlich nicht über Nacht – sehen Sie bitte Ihr Engagement in Netzwerken oder Verbänden als langfristige und nachhaltige Maßnahme.

Beispiele für Netzwerke

- IBWF-Beraternetzwerk → www.ibwf.org
- Freelancer International → www.freelancer-international. de
- BNI/Business Network International → www.bni.de
- GABAL → www.gabal.de

- FORUM BETRIEB → www.forum-betrieb.de
- Wirtschaftsjunioren Deutschland e.V. (WJD) → www.wjd.de
- go-cluster/Clusterpolitische Exzellenzmaßnahme des Bundesministeriums für Wirtschaft und Technologie → www.go-cluster.de
- Xing → www.xing.de
- Linkedin → www.linkedin.com
- Facebook → www.facebook.com

Beispiele für Verbände

- Datev → www.datev.de
- Bundesrechtsanwaltskammer → www.brak.de
- Innung für Elektro- und Informationstechnik → www.eh-stuttgart.de
- BDS/Bundesverband der Selbstständigen → www.bds-dgv.de
- BPI/Bundesverband der Pharmazeutischen Industrie → www.bdi.eu
- BVMW/Bundesverband mittelständische Wirtschaft → www.bvmw.de
- ZEG/Zweirad-Einkaufs-Genossenschaft → www.zeg.de
- EP:/ElectronicPartner → www.ep.de
- Der Kreis/Einkaufsgesellschaft für Küche und Wohnen → www.derkreis.de
- BDI/Bundesverband der Deutschen Industrie e.V. → www.bdi.eu

- EKDD/Einkaufskontor Deutscher Druckereien eG → www.ekdd.de
- AGD/Allianz Deutscher Designer → www.agd.de
- Fachverband Freier Werbetexter e.V. → www.texterver band.de

Auf den Punkt gebracht

Die Abgrenzung Verband/Netzwerk ist im Einzelfall schwierig, denn auch funktionierende Netzwerke können Verbandsstrukturen haben. Wichtig ist, dass Sie sich die möglichen Organisationen, die für Ihre Kundengewinnung interessant sein könnten, ganz genau anschauen und sich selektiv lieber für eine Organisation entscheiden, in der Sie sich wirklich aktiv engagieren. Die rein passive Mitgliedschaft in möglichst vielen Organisationen führt zunächst zu nichts, außer zu einem hohen Aufkommen an Beiträgen. Bei der Auswahl der für Sie geeigneten Organisation sollten Sie gegebenenfalls die Unterstützung durch ein erfahrenes Beratungsunternehmen in Anspruch nehmen.

6 Kundengewinnung durch die persönliche Vitamin-B-Liste

Wozu in die Ferne schweifen, wenn das Gute liegt so nah? Bevor Sie sich also fragen, wie Sie (wildfremde) Kunden für sich und Ihr Unternehmen gewinnen können, schauen Sie sich doch zuerst einmal in Ihrem **direkten Umfeld** um! Gerade für Unternehmensgründer ist es am Anfang wichtig, eine umfassende Liste mit allen potenziellen Kunden und Multiplikatoren (Empfehlern) aufzubauen und diese sukzessive abzuarbeiten.

Das Abarbeiten einer persönlichen Vitamin-B-Liste bedeutet konkret, dass Sie mit allen Personen auf Ihrer Liste gezielt über Ihr Unternehmen, Ihre Leistungen oder Produkte sprechen sollten. Machen Sie ruhig in diesen Gesprächen deutlich, dass Sie weitere Kunden benötigen. Das ist tatsächlich eine Art Betteltour und kostet einige Überwindung, aber es sorgt mit für Ihren **Unternehmenserfolg**, für Ihr **gesichertes Einkommen!**

Natürlich können nicht alle Ihre Kontakte sofort Kunden Ihres Unternehmens werden (wobei es natürlich darauf ankommt, was Sie genau machen) – so braucht ja nahezu jeder Mensch einen Friseur oder Zahnarzt, bei industriellen Bauteilen wird es da schon etwas spezifischer. Also, auch wenn nicht jeder Ihrer Vitamin-B-Kontakte Ihr Produkt direkt benötigt, so besteht dennoch die Chance, dass er jemand kennt, dem er Ihre Leistungen empfehlen kann. Alle Ihre Bekannten um eine solche Vermittlung zu bitten, ist nichts Verwerfliches.

Persönliche Kontakte zu „Vertriebsmitarbeitern" machen

Fördern Sie die Weiterempfehlung durch kleine **Geschenke** oder **Provisionen.** Natürlich wird jeder, der Sie kennt (und mag), gerne für Sie aktiv werden. Mit einem kleinen Bonbon als Belohnung können Sie diesen Effekt noch erheblich steigern. Wir bleiben mal bei dem o.g. Beispiel mit dem Friseur: Bedienen Sie jeden, der Ihnen einen neuen Kunden bringt, einmal kostenlos – Sie werden sich darüber freuen, wie oft Sie kostenlos arbeiten müssen! Auch beim Beispiel mit den industriellen Bauteilen funktioniert das hervorragend, allerdings loben Sie hier besser **eine Prämie** für jeden neuen Auftrag aus, den Sie durch persönliche Empfehlung erhalten. Hier ist es durchaus eine schöne Geste, wenn Sie Ihren „Vertriebsmitarbeiter" zum Essen einladen oder am Umsatz beteiligen. Es kommt eben auf die Qualität der Empfehlung und das dadurch erzielte Umsatzvolumen an.

Stakeholder einbinden und motivieren

Stakeholder sind alle Personen oder Gruppen, die mit Ihrem Unternehmen zu tun haben. Eine exakte Definition liefert Gablers Wirtschaftslexikon:

Stakeholder/Anspruchsgruppen sind alle internen und externen Personengruppen, die von den unternehmerischen Tätigkeiten gegenwärtig oder in Zukunft direkt oder indirekt betroffen sind. Gemäß Stakeholder-Ansatz wird ihnen – zusätzlich zu den Eigentümern (Shareholders) – das Recht zugesprochen, ihre Interessen gegenüber der Unternehmung geltend zu machen. Eine erfolgreiche Unternehmungsführung muss die Interessen aller Anspruchsgruppen bei ihren Entscheidungen berücksichtigen **(Social Responsiveness).**

Eine Übersicht zu diesen Anspruchsgruppen

	Anspruchsgruppen	Interessen (Ziele)
Interne Anspruchsgruppen	**1. Eigentümer** • Kapitaleigentümer • Eigentümer-Unternehmer **2. Management** (Manager-Unternehmer)	– Einkommen/Gewinn – Erhaltung, Verzinsung und Wertsteigerung des investierten Kapitals – Selbstständigkeit/Entscheidungsautonomie – Macht, Einfluss, Prestige – Entfaltung eigener Ideen und Fähigkeiten, Arbeit = Lebensinhalt
	3. Mitarbeiter	– Einkommen (Arbeitsplatz) – soziale Sicherheit – sinnvolle Betätigung, Entfaltung der eigenen Fähigkeiten – zwischenmenschliche Kontakte (Gruppenzugehörigkeit) – Status, Anerkennung, Prestige (ego-needs)
-gruppen	**4. Fremdkapitalgeber**	– sichere Kapitalanlage – befriedigende Verzinsung – Vermögenszuwachs
	5. Lieferanten	– stabile Liefermöglichkeiten – günstige Konditionen – Zahlungsfähigkeit der Abnehmer
	6. Kunden	– qualitativ und quantitativ befriedigende Marktleistungen zu günstigen Konditionen – Service, günstige Konditionen usw.

Externe Anspruchs-		
	7. Konkurrenz	– Einhaltung fairer Grundsätze und Spielregeln der Marktkonkurrenz – Kooperationen auf branchenpolitischer Ebene
	8. Staat und Gesellschaft • lokale und nationale Behörden • ausländische und internationale Organisationen • Verbände und Interessenlobbies aller Art • Bürgerinitiativen • allgemeine Öffentlichkeit	– Steuern – Sicherung der Arbeitsplätze – Sozialleistungen – positive Beiträge an die Infrastruktur – Einhalten von Rechtsvorschriften und Normen – Teilnahme an der politischen Willensbildung – Beiträge an kulturelle, wissenschaftliche und Bildungsinstitutionen – Erhaltung einer lebenswerten Umwelt

Abb. nach Wirtschaftlexikon Gabler

Wie Sie anhand dieser Übersicht sehen, greifen die Interessen rund um Ihre Unternehmung sehr weit. Sie müssen nun nur noch alle diese involvierten Personen und Gruppen (vielleicht mit Ausnahme der Konkurrenz) zu Ihren Fans und Multiplikatoren machen.

Mögliche Kandidaten auf Ihrer Vitamin-B-Liste

- Freunde
- Verwandte
- Bekannte
- Nachbarn am Privatwohnsitz

- Nachbarn am Firmensitz
- Vereinskameraden
- Verbandskollegen
- Ihr Banker
- Ihre Investoren
- Ihr Vermieter
- Ihre Mitarbeiter
- Ihre Lieferanten, Dienstleister und Berater
- Ihr Versicherungsfachmann
- Ihre Freunde aus Sozialen Netzwerken, wie Facebook, Xing, Twitter...
- Ihre Schul- und Jahrgangskameraden
- Ihre Kommilitonen
- Ihre Bundesbrüder
- Ihre Lehrer, Ausbilder, Dozenten
- Vertreter der lokalen Politik und Verwaltung
- Pressevertreter
- ...

Im direkten Bekanntenkreis ruht mehr Potenzial, als Sie zunächst denken. Daher sollte jeder Ihrer Bekannten oder Kontakte genau wissen, welche Leistungen Sie erbringen – nur so kann er Sie erfolgreich empfehlen!

Nur keine falsche Scham oder Bescheidenheit, reden Sie über Ihr Unternehmen und vor allem: über Ihre **Alleinstellungsmerkmale!** Jedes Gespräch und jeder Kontakt kann für Sie zu neuen Kunden führen – und das Beste: diese Form der Kundengewinnung ist **völlig kostenlos.**

7 Kundengewinnung durch Sponsoring

Im **Kommunikationsmix von Unternehmen** gewinnt Sponsoring eine immer größere Bedeutung. Warum? Ganz einfach: Beim Kaufentscheid bzw. der positiven Grundeinstellung zu einer Marke, einem Produkt oder einem Unternehmen entscheidet immer mehr **das Image bzw. die positive emotionale Aufladung** über den eigentlichen Geschäftszweck hinaus. Mit dem Sponsoring einer Sportart, eines Vereins, einer sozialen Einrichtung oder eines Events entwickelt sich bestenfalls ein positiver **Imagetransfer** vom Kern dieser Sache auf den Sponsor selbst – so das Idealbild.

Über diese emotionalen Faktoren hinaus zählt bei einem strategischen Sponsoring-Engagement auch immer die schiere **Reichweite.** Je mehr Kontakte durch Sponsoring erreicht werden sollen, desto höher muss in der Regel auch das Budget ausfallen. Aber wird Sponsoring dadurch auch „teurer"?

Ein prominentes Beispiel

Um ein ganz prominentes Sponsoring-Umfeld, den Profifußball, zu benennen, hier einige Beispiele von Sponsor-Partnerschaften aus der **1. Fußballbundesliga** und deren Finanzvolumen (Saison 2012/2013):

- Telekom – FC Bayern München | ca. 25 Mio. Euro p.a.
- VW – VFL Wolfsburg | ca. 20 Mio. Euro p.a.
- Gazprom – Schalke 04 | ca. 18 Mio. Euro p.a.

Dieses Spitzentrio ist mit großem Abstand vor allen anderen Engagements zu benennen. So erhält der VFB Stuttgart von seinem Hauptsponsor, der Mercedes-Bank, ca. 6 Mio. Euro pro Jahr. Am Tabellenende: Die SpVgg Greuther Fürth erhält von der Ergo Versicherungsgruppe gerade mal 2 Mio. Euro p.a.

Quelle: statista

Ist dieser Unterschied gerechtfertigt? Ja!

Für das normale menschliche Empfinden sind diese Summen kaum greifbar. Stellt man sich aber mal vor, wie viele Kontakte das Logo der Telekom auf dem Trikot der Bayern in Summe pro Jahr erzielt:

- bei 70.000 Stadionbesuchern in der Allianz Arena an 17 Heimspieltagen der 1. Liga
- jeweils ausverkauften Stadien bei den 17 Auswärtsspielen der 1. Liga
- jeweils ausverkauften Stadien in DFB-Pokal und Champions League
- einem Millionenpublikum bei Fernsehübertragungen aus Bundesliga, DFB-Pokal und Champions League
- unzähligen Fernsehinterviews und Presseberichten in TV, Tageszeitungen, Sportpresse und der Boulevard-Presse
- bei 3.200 offiziellen Fanclubs und 231.000 registrierten Vereinsmitgliedern
- und last but not least: den 880.000 verkauften Trikots p.a., die quasi überall auf der Welt mit der Marke Telekom auf der Brust werben.

Zum Vergleich die SpVgg Greuther Fürth: max. 18.000 Zuschauer im heimischen Stadion, kein internationales Geschäft, etwa 2.550 Mitglieder.

Ohne wissenschaftliche Untermauerung behaupte ich hier dennoch, dass die Telekom mit den Bayern wesentlich „günstiger“ oder zumindest „effektiver“ investiert hat. Die Gegenleistung ist einfach diese Investition mehr als wert. Ich wage sogar zu behaupten, dass das Sponsoring des FC Bayern die effizienteste und gleichzeitig preiswerteste Maßnahme im **Kommunikationsmix** der Telekom darstellt.

Ein negatives Gegenbeispiel:

> Das intensive Engagement des amerikanischen Post-Dienstleisters „US Postal“ in das Radrennsport-Team rund um den unterdessen geständigen Doping-Sünder Lance Armstrong. Natürlich profitierte der Sponsor hier jahrelang von einer **sehr hohen Medienpräsenz** seiner Marke im Zusammenhang mit Tempo, Teamgeist, Cleverness und den glorreichen Siegen dieses Teams. Leider fällt nun der Name US Postal (bzw. das eingeblendete Logo) regelmäßig in der fast noch öffentlichkeitswirksameren Berichterstattung über Unsportlichkeit, Unmoral, Betrug und den juristischen Auseinandersetzungen zu diesen Themen.

Dies ist aber wirklich der krasseste Fall in negativer Hinsicht, der mir aktuell zum Thema Sponsoring einfällt.

Sponsoring ist auch für kleine Unternehmen interessant

Nach diesen einführenden Beispielen aus der Hochfinanz und dem Spitzensport komme ich nun gerne zurück auf die Bedürfnisse von KMU, also **kleinen und mittleren Unternehmen.** Auch für Gastronomen, Einzelhändler, Handwerksbetriebe und Anwälte (um nur vier Beispiele zu nennen) ist Sponsoring – mit dem richtigen Partner – im lokalen Umfeld durchaus lohnenswert. Egal ob Sie als Unternehmer eine **Partnerschaft** mit dem örtlichen Sportverein, einer Bildungseinrichtung, einer sozialen Einrichtung pflegen oder eine publikumswirksame Veranstaltung unterstützen – wenn Sie dadurch den **Bekanntheitsgrad** und den **Sympathiewert** für Ihr Unternehmen mit kleinem Geld steigern können, entsteht für beide Parteien eine echte „**Win-win-Situation**". Im Idealfall sorgt diese Partnerschaft dafür, dass Sie ein gutes Werk tun, für Ihr finanzielles Engagement eine steuerlich relevante Spendenbescheinigung erhalten, Ihr Image aufpoliert wird und Ihr Bekanntheitsgrad erheblich steigt. So erreichen Sie recht elegant und preiswert **neue Kontakte** und gewinnen **neue Kunden.**

Gut, das mit der Spendenbescheinigung ist natürlich der absolute Idealfall, aber auch ohne diese angenehme Begleiterscheinung (z. B. dann, wenn die von Ihnen gesponserte Organisation/Maßnahme nicht gemeinnützig sein sollte), bietet sich Ihnen eine Reihe von Möglichkeiten, die Ihr Sponsoring-Engagement mit sich bringen sollte. Beispielsweise „**VIP-Eintrittskarten**" zu von Ihnen unterstützten Sport- oder Kulturevents. Diese können Sie entweder in der Mission „Kundengewinnung" für Noch-nicht-Kunden ausloben oder in Sachen „Kundenbindung" für Ihre besten Stammkunden einsetzen. Auch als

Incentive-Programm für Ihre Mitarbeiter sind privilegierte Eintrittskarten ein interessanter Faktor. Ihre Möglichkeiten sind also absolut vielfältig und variieren von Fall zu Fall.

Was ist das beste Sponsoring-Konzept?

So leid es mir tut, hier gibt es leider kein allgemein gültiges Patentrezept, keine Faustformel für das Richtige. Nur eines: Das Engagement sollte **authentisch und nachvollziehbar** zu Ihrem Unternehmen und zu Ihnen als Unternehmerpersönlichkeit passen. Ebenso muss Ihr Sponsoring-Paket zu Ihrem Vertriebsradius passen. So ist es beispielsweise absolut klar und nachvollziehbar, dass Sie den Sportverein unterstützen, der in Ihrem Ort die höchste Mitgliederzahl oder das sympathischste Konzept hat, in dem vielleicht sogar Sie selbst oder Ihre Kinder aktiv sind. Ebenso, wenn es Ihnen persönlich ein wichtiges Anliegen ist, das Sie auch leben, die Unterstützung von humanitären, sozialen, kulturellen oder weltanschaulichen Organisationen.

Was natürlich gar nicht geht, sind Partnerschaften, die so gar nicht zusammenpassen wollen. Bleiben wir beim o.g. Beispiel mit dem Sportverein: dann ist dies natürlich höchst problematisch, wenn Sie einen Vertrieb für Tabakwaren betreiben; ebenso sollten Sie als Pharma-Hersteller die Finger von Radsport-Teams lassen etc.

Engagement temporär oder langfristig?

Wie bei nahezu allen Kommunikationsmaßnahmen darf man vom Sponsoring **keine kurzfristigen Wunder** erwarten. Natürlich können Sie Ihr gesamtes Budget zusammenkratzen und einmalig eine Großveranstaltung als Hauptsponsor unterstützen – mit Ihrem Logo auf sämtlichen Plakaten, Tickets, Anzeigen etc. So erzielen Sie kurzfristig eine große Menge neuer Kontakte, aber was ist danach? Der Effekt verpufft genauso schnell, wie er gekommen ist. Dann doch lieber **nachhaltig wirtschaften** und auf kleinerer Flamme beständig an einer Partnerschaft, an einem Thema, an einer Zielgruppe dranbleiben. Nur so addiert sich **Ihr Werbewert**, stellt sich eine **Steigerung Ihres Bekanntheitsgrads und Sympathiewerts** ein. Also Vorsicht vor den stets allzu beflissenen „Fundraisern" (Akquisiteure für einen „guten" Zweck), die bei Ihnen um Unterstützung für alles Mögliche werben – als Unternehmer werden Sie das kennen.

Auf den Punkt gebracht

Sponsoring – im Kommunikationsmix ergänzend eingesetzt – ist ein absolut **wirkungsvolles Instrument zur Kundengewinnung und Kundenbindung** gleichermaßen. Idealerweise erreichen Sie eine **hohe Reichweite** und einen **Imagetransfer** von der gesponserten Einrichtung, dem Event, dem Verein – in dem von Ihnen gewählten Verbreitungsgebiet, in der von Ihnen adressierten Zielgruppe – und dies langfristig! Das sind die entscheidenden Faktoren pro Sponsoring.

8 Kundengewinnung durch Straßen-/POS-Aktivitäten (B-to-C)

Nirgendwo kann man neue Kunden direkter gewinnen und überzeugen als in der 1:1-Situation, also **von Angesicht zu Angesicht.** Wenn aber, einem alten Sprichwort zufolge, der Berg nicht zum Propheten kommt, dann muss der Prophet eben zum Berg gehen. Dies bedeutet, dass Sie raus müssen aus Ihrem Laden, Ihrem Büro, Ihrem Betrieb – dorthin, wo sich Ihr potenzieller Zielkunde bewegt.

Die Möglichkeiten für die **Ansprache von Endkunden** – Business to Consumer (B-to-C) – sind vielfältig und variieren je nach Ihrem Geschäftsmodell bzw. Ihrer Branche. Dementsprechend variiert natürlich auch der sog. „Point of Sale" (POS), also der Ort des Einkaufs oder der Kaufentscheidung. Aber: Ich bin der festen Überzeugung, dass es für jedes Unternehmen, für jede Zielgruppenansprache die geeignete Möglichkeit gibt, genau hier, am POS, aktiv zu werden.

Wo ist der POS?

Der ideale Ort zur Ansprache neuer Kunden kann die Fußgängerzone sein, der Wochenmarkt, der Parkplatz vor dem Einkaufszentrum, dem Getränke- oder Baumarkt oder überall bei partnerschaftlich befreundeten Unternehmen. Auch Veranstaltungen wie die lokale oder regionale Leistungsschau, die Handwerker- oder Verbrauchermesse sind interessante Optionen, um mal über den Tellerrand hinauszuschauen. Sie treffen Ihre neuen Kunden überall dort, wo **große Frequenz** herrscht und Sie mit einem entsprechend professionellen Auftritt auf sich aufmerksam machen. Vielleicht ergibt sich für Sie die Chance, im Austausch mit einem Partnerbetrieb aktiv zu werden, indem sich dieser auf Ihrer Hausmesse oder Ihrem Tag der offenen Tür präsentiert und Sie sich umgekehrt bei ihm. Solche kooperativen **POS-Aktivitäten** bieten sich generell an für aktive Unternehmen aus Handel, Handwerk und Dienstleistung.

Welche Formen von Aktivitäten gibt es?

- **Promotion/Infostand**
  Ein gut gestalteter und auffälliger Stand mit kompetentem Standpersonal weist auf Ihre Produkte und Leistungen hin. Dabei ist es wichtig, aktiv auf die Passanten zuzugehen – ein demotiviertes „Hinter-dem-Stand-Herumsitzen" ist alles andere als produktiv. Leider sieht man das aber viel zu häufig. Sie können **Flyer** verteilen, etwas vorführen, **Warenproben** ausgeben, **Speisen und Getränke** anbieten, **Gutscheine** oder kleine **Werbegeschenke**, sog. „**Giveaways**", verteilen... Hauptsache, Sie lächeln und sprechen die neuen Kunden aktiv an! Die Möglichkeiten sind vielfältig. Meine Erfahrung zeigt, dass die Kosten-Nutzen-Rechnung einer solchen Aktion (wenn sie gut durchdacht und gut gemacht ist) durch kaum eine andere Kommunikationsmaßnahme zu schlagen ist.

- **Befragung**
  Eine „schlankere" Methode der Kundengewinnung auf der Straße/am POS ist die der Befragung. Durch gut geschulte und motivierte **PropagandistInnen/**

PromoterInnen werden potenzielle Kunden gezielt angesprochen und befragt. Dabei geht es entlang einer kurzen Checkliste um die Konsumgewohnheiten in Ihrem Marktsegment, um den Bekanntheitsgrad Ihrer Produkte/Leistungen und den Vergleich mit bislang bevorzugten Produkten/Leistungen. Ziel hierbei sollte es vor allem sein, **Adressen zu qualifizieren**, die Sie im Nachgang per Telefon, E-Mail, Direktmailing... zur Terminvereinbarung oder weiteren gezielten Information nutzen können. Eine sehr effektive Maßnahme.

- **Gewinnspiel**
  Mit einem **Gewinnspiel** steigern Sie sowohl die Attraktivität Ihrer POS-Aktion als auch die Anzahl der dabei generierten Adressen. Wie das Gewinnspiel genau aussieht (die simpelste Form ist da das Glücksrad), entscheiden Sie je nach Budget und Konzeption Ihrer **POS-Aktivität.** Aber: Sie steigern damit eher die Quantität als die Qualität Ihrer neuen Kontakte.

- **Stumme Verkäufer**
  Die minimalistischste, aber am ehesten skalierbare Form Ihrer POS-Aktivitäten könnte ein Display, ein **Rollup-Banner** oder ein **Kundenstopper/Plakatständer** mit **Flyer-Dispenser** sein, den Sie bei assoziierten Partnern platzieren. Vorteile: vergleichsweise geringe Kosten und, wie gesagt, die gute Skalierbarkeit, d. h. Sie können das – je nach Budget – an Tausenden von Standorten zeitgleich realisieren. Der positive Effekt kommt hier eher über die Masse der Kontakte an einer großen Menge von Standorten. Die gezielte Kundenansprache durch die von Ihnen gebrieften Mitarbeiter vor Ort kann eine solche Maßnahme aber in Sachen Effektivität niemals ersetzen. Eine Art Mischform bilden die Ihnen sicherlich als Kunde aus dem

Baumarkt bekannten Videosysteme, die mindestens alle 10 Meter mit Produktvorführungen versuchen, Sie in ihren Bann zu ziehen. So „stumm“ muss diese POS-Aktivität also gar nicht sein.

- **Zweitplatzierung**
  Mit einem besonders auffälligen **Verkaufsdisplay** oder einer **Warenpräsentation** können Sie am **POS**, bei Ihren Handelspartnern, temporär für zusätzliche Impulse sorgen. Impulse dahingehend, dass Sie durch die exponierte Präsentation, z. B. an einem Gondelkopf oder direkt im Kassenbereich, eine wesentlich höhere Aufmerksamkeit erzielen als mit Ihrer „normalen“ Regalposition. Allerdings lassen sich das Ihre Handelspartner in der Regel auch entsprechend vergüten, da sollten Sie vorher das Preis-Leistungs-Verhältnis genau erwägen. Am besten ist es, diese Form der **POS-Aktivität** an verschiedenen Pilot-Standorten zu evaluieren, um herauszufinden, welchen Effekt das für Sie und Ihre Produkte bringt.

- **Viral Marketing/Ambient Marketing**
  Ein besonders spektakuläres, in den letzten Jahren zu hoher Geltung gelangtes Instrument der POS-Maßnahmen ist das sogenannte **Ambient Marketing.** Die Definition hierfür lautet: „Platzierung von Werbung an Orten, wo nicht damit zu rechnen ist, unter Einbeziehung der Umgebung in die Werbemaßnahme.“ (Quelle: Wikipedia.) Hier sind der Fantasie keine Grenzen gesetzt, und je nach Branche und Zielgruppe bieten sich die vielfältigsten Maßnahmen an. Wichtigstes Kriterium für eine gelungene Ambient-Aktion ist der **Überraschungsfaktor.**

Ein plastisches Beispiel

Angenommen, Sie sind Pharma-Hersteller und versuchen, Ihr neues Medikament gegen „ständigen Harndrang“ erfolgreich auf den Markt zu bringen. Naheliegend ist da natürlich eine klassische Anzeigenkampagne z. B. in einer Apotheker-Zeitschrift. Ihr „POS“ liegt doch eigentlich an ganz anderer Stelle! Eine Plakataktion direkt über den Toiletten von Bars, Restaurants oder Autobahnraststätten trifft Ihre Zielgruppe doch viel direkter – oder?

Dies ist nur ein Beispiel für die unbegrenzten Möglichkeiten dieser kreativen Form von POS-Aktivitäten.

Auf den Punkt gebracht

Gehen Sie aus sich heraus und erreichen Sie Ihre Kunden genau dort, wo die Kaufentscheidungen fallen! Wenn Sie sich klar sind, welche zukünftigen Kunden Sie gewinnen wollen, dann überlegen Sie genau, wo Sie diese Kunden „treffen“ könnten und mit welcher Maßnahme Sie effektiv auf sich aufmerksam machen. Um ganz sicher zu gehen, suchen Sie sich professionelle Beratung bei der Planung Ihrer POS-Kampagne, z. B. durch mein Beratungsunternehmen modus_vm!

9 Kundengewinnung durch Veranstaltungen/Messen

Es muss nicht immer gearbeitet werden, manchmal sollten Sie einfach mit Ihren Kunden feiern und gemeinsam Spaß haben. **Laden Sie Ihre „Marke" wieder emotional auf und erfinden Sie ein neues originelles Veranstaltungsformat**, das Ihre Kunden „hinter dem Ofen hervorlockt". Die Möglichkeiten hierzu bestimmt Ihr Budget. Letztendlich lassen sich auch **mit kleinem Geld tolle Erlebnisse** schaffen – laden Sie doch mal alle Ihre Kunden zu einer Weinwanderung oder einer Fahrrad-Rallye ein! Unsere erfolgreichsten Kunden ziehen diese Register, z. B. mit einem jährlichen urigen Grillfest vor und in der Logistikhalle oder dem Neujahrs-Glühweinempfang in einer schicken Büroetage auf der Stuttgarter Königstraße.

Die Basisidee hinter der Kundengewinnung über Veranstaltungen ist dieselbe wie die im letzten Kapitel „**Straßen-/POS-Aktivitäten**" beschriebene. Es geht um das Erzeugen von **Aufmerksamkeit** und um die **Schaffung einer 1:1-Situation** mit dem neuen Kunden – um das Herstellen eines ersten Kontaktes. Bei der Bindung von Bestandskunden ist es ganz ähnlich, da geht es um das Herstellen eines erneuten Kontaktes, also das „Sich-wieder-in-Erinnerung-bringen". Es ist völlig egal ob Sie ein 1-Personen-Dienstleistungsunternehmen führen, ein Fachgeschäft betreiben, einen Handwerksbetrieb oder ein größeres produzierendes Unternehmen leiten, Sie können die unterschiedlichsten Veranstaltungsformate für sich nutzen, um genau dieses Wirkprinzip für Ihre **Kundengewinnung und Kundenbindung** einzusetzen.

Eine **Übersicht der möglichen Veranstaltungsformate** habe ich, in alphabetischer Reihenfolge, nachfolgend für Sie zusammengestellt. Natürlich hätte es jedes einzelne Veranstaltungsformat bezüglich seiner Ausgestaltung, der Vor- und Nachbereitung verdient, ein Kapitel gewidmet zu bekommen, doch an dieser Stelle möchte ich den Fokus auf den Überblick über die Möglichkeiten legen. Daher beschränke ich mich auf knappe Beschreibungen zu den einzelnen Formaten:

- **After-Work-Party**

  Fangen wir mal ganz entspannt an! Zu einer zwanglosen, aber regelmäßigen After-Work-Party laden Sie Ihre Wunschkunden, Stammkunden, Mitarbeiter und Nachbarn (Unternehmer oder Privatleute) ein. Bei einem kleinen Imbiss mit Umtrunk geht es in erster Linie um das **persönliche und eher private Kennenlernen.** Die Atmosphäre sollte zwar nicht businessmäßig sein, aber zur Unterhaltung können Sie durchaus jeden Abend mit einem kleinen **Impulsvortrag** beginnen; und es darf durchaus auch eine kurze **Vorstellungsrunde** aller Gäste geben. Als Gastgeber einer solch launigen Runde sind Sie natürlich ganz besonders exponiert und genießen daher einen besonderen **Aufmerksamkeitsfaktor.** Es liegt ganz an Ihnen, wie Sie dies für sich und Ihr Unternehmen positiv umsetzen!

- **Barcamp**

  Ein Barcamp, auch „Unkonferenz“ genannt, ist eine recht moderne Veranstaltungsform. Dabei geht es vor allem, ähnlich wie bei einer Fachtagung oder einem Kongress, um die fachliche Bearbeitung eines speziellen Themas. Allerdings sind bei einem Barcamp Thema, Verlauf und Ausgang der inhaltlichen Arbeit vorher völlig offen. Das alles entwickeln die Teilnehmer gemeinsam in der Diskussion, u. U. auch die spontane Bearbeitung unterschiedlichster Themen in kleinen Gruppen oder Workshops. Wenn Sie nun z. B. Ihre Zielkunden, Stammkunden, Geschäftsfreunde und Ihre Stakeholder zu einem Barcamp rund um Ihr Fachgebiet oder Ihr Unternehmen einladen, dann ist das mehr als spannend – auch das, was dabei herauskommt. **Sie werden sich profilieren und viele neue Erkenntnisse gewinnen.**

- **Benefiz-Veranstaltung**

  Der Klassiker. **Tue Gutes und rede darüber** – nach diesem Motto stellen Sie sich gekonnt in den Vordergrund und sammeln gemeinsam mit Ihren Gästen Geld für einen wohltätigen Zweck. Der Phantasie sind dabei keine Grenzen gesetzt – ob Charity-Gala, Live-Konzert, Ausstellung, Sportevent oder, oder... Auf jeden Fall sollte sowohl der unterstützte Zweck als auch die Form der Veranstaltung eine **nachvollziehbare Authentizität** zu Ihnen, Ihrem Unternehmen oder Ihren Produkten aufweisen. Wenn Sie (und das muss man ja eigentlich nicht nochmals gesondert erwähnen) dabei auf die größtmögliche öffentliche Wahrnehmung, z. B. durch die **Presse** achten, dann erzielen Sie viele neue Kontakte und vor allem Sympathiewerte. Dies kann der ausschlaggebende Faktor für neue Kunden sein, bei Ihnen zu kaufen.

- **Fachmesse**

  Ein Muss im B-to-B-Bereich! Fachmessen erfreuen sich nach wie vor hoher Beliebtheit und sind der **Umschlagplatz für Angebot und Nachfrage** in allen möglichen Branchen. Nirgendwo geht es direkter um Kundengewinnung, und daher boomt diese Drehscheibe mit ständig wachsenden Angeboten. Einige Marktkennzahlen (Deutschland) zur Verdeutlichung:

> Im Jahr 2012 haben laut vorläufigen Berechnungen des AUMA auf den 160 überregionalen Messen rund 2% mehr Aussteller teilgenommen als bei den jeweiligen Vorveranstaltungen. Die Beteiligungen aus dem Ausland sind überdurchschnittlich gewachsen (+4,2%). Die Standfläche der überregionalen Messen ist ebenfalls um 4,1% gewachsen. Die Besucherzahl liegt etwa 0,6% unter dem Niveau der Vorveranstaltungen. Dies ist aber weder ein signifikanter Rückgang noch ein durchgängiger Trend.

Quelle: AUMA.

Anmerkung: Insgesamt verzeichnet der Fachverband AUMA über 10 Mio. Fachbesucher auf diesen o.g. Messen. Da sind bestimmt auch viele neue Kunden für Sie mit dabei! Wichtig ist aber **ein gutes Konzept**, d. h. **Ihr Messestand muss sich positiv von anderen absetzen** und benötigt daher eine gewisse Fläche sowie ein auffälliges Design. Das alles ist natürlich mit erheblichen Kosten verbunden. Im Einzelfall gilt es hier, eine Kosten-Nutzen-Rechnung aufzumachen, aber wie schon gesagt, das Potenzial spricht für sich.

- **Fachtagung/Kongress**

Treten Sie die **Meinungsführerschaft** in Ihrer „Szene“ an, indem Sie regelmäßige Fachtagungen oder Kongresse organisieren, auf denen namhafte Experten zu wechselnden Themen rund um Ihr Fachgebiet geladen sind. Sie selbst sollten dabei natürlich auch eine tragende Rolle übernehmen (können). Die Besetzung durch Referenten, die Location, das Catering und das Rahmenprogramm sollten wirklich **hochkarätig** sein, das garantiert Ihnen auch „zahlende" Besucher und vielleicht langfristig eine kostenneutrale Veranstaltungsreihe, mit der Sie sehr wirksam auf sich aufmerksam machen.

- **Fachvortrag**

  Egal welches Gewerbe Sie ausüben, wenn Sie Ihre Profession mit Leidenschaft und Hingabe betreiben, dann sind Sie garantiert ein **Experte**, der Interessantes zu erzählen hat. Dies qualifiziert Sie für Vorträge über Ihr Fachgebiet. Wenn Sie etwas recherchieren, dann werden Sie eine Vielzahl von Möglichkeiten entdecken, in denen Sie sich mit einem Fachvortrag **ins Rampenlicht** bringen können. Beispielsweise in Ihrem Handels- und Gewerbeverein, Ihrem BDS, Ihrem Unternehmerverband, Ihrer Innung oder auf Fachtagungen und Kongressen **als Gastredner.** Wenn Sie ein guter Redner sind und noch dazu eine spannende Präsentation halten können, dann werden Sie mit solchen Auftritten eine ganze Menge neuer Kunden für sich gewinnen können.

- **Hausmesse**

  Eine für Kundengewinnung und Kundenbindung gleichermaßen attraktive Veranstaltungsform ist die Hausmesse. Im Vergleich zur Fachmesse stehen Sie hier natürlich deutlicher im Rampenlicht (wobei Sie zu einer Hausmesse durchaus auch Lieferanten, Dienstleister und Kooperationspartner einladen sollten). Neben der

Aufgabe, ein wirklich **attraktives Programm** und **attraktive Angebote** auf die Beine zu stellen, liegt die Herausforderung für Sie darin, möglichst viele Besucher (Neukunden, Altkunden, Interessenten, Geschäftspartner...) anzuziehen. Daher bietet sich genau die oben angeregte **Kooperation** an, d. h. indem Sie Partner beteiligen, vergrößert sich die Attraktivität und – schlicht und einfach: der Adressbestand der einzuladenden Personen.

- **Incentive-Event**

  Mit eingeladenen Gästen selbst Spaß haben, so könnte man diese Rubrik beschreiben. Es liegt ganz an Ihnen: gehen Sie gerne ins Fußballstadion, ins Ballett, in ein Künstleratelier, zu einer Führung im Automobilwerk, auf eine Regatta, auf Klettertour in die Berge... – was auch immer Sie gerne privat machen, laden Sie doch einfach Ihnen wichtige Personen, die Sie gerne als Kunden gewinnen würden, mit dazu ein. Auch gute Stammkunden, Geschäftspartner und Mitarbeiter dürfen dabei nicht fehlen, denn gerade der bunte Mix an Teilnehmern macht eine solche Veranstaltung rund. Sie werden erleben: die **Freude und Begeisterung** fällt positiv auf Sie, den Einladenden, zurück. Mit einem solchen emotionalen Erlebnis erreichen Sie oft mehr bei Ihrem potenziellen Entscheider als mit vielen guten technischen oder wirtschaftlichen Argumenten.

- **Jubiläums-Veranstaltung**

  Jede Veranstaltung, mit der Sie neue Kunden anziehen wollen, braucht **einen plausiblen Anlass.** Ein simples „Wir haben offen, kommen Sie doch mal vorbei!“ lockt eben niemanden hinter dem Ofen hervor. Wenn Sie aber aufgrund Ihres 1-/5-/10-/25-jährigen Firmenbestehens einen besonders großen Ballon starten, dann ist das für jeden nachvollziehbar. Lassen Sie solche Gelegenheiten auf keinen Fall aus und laden Sie im großen Stil alle Ihre Kontakte (auch Ihre Stammkunden) zu einem großen Fest ein. Wie dieses genau aussieht, liegt im Wesentlichen an Ihren Zielgruppen – bietet sich eher einen **„öffentlicher" Event für Privatkunden** an oder eine **„geschlossene Gesellschaft"** für Geschäftskunden – oder vielleicht beides?

- **Regionale oder lokale Leistungsschau (Verbrauchermesse)**

  Wenn Ihr Vertriebsgebiet auf eine Region oder ein lokales Umfeld begrenzt ist und Ihre Zielgruppe hauptsächlich Privatkunden sind, dann gibt es für Sie mit Sicherheit eine Menge interessanter Veranstaltungen, die von den örtlichen Handels- und Gewerbevereinen, den regionalen Wirtschaftsförderungen oder privaten Veranstaltern regelmäßig als **„Schaufenster der Wirtschaft"** durchgeführt werden. Interessant sind solche Veranstaltungen vor allem durch die stets **hohe Kundenfrequenz**, die vergleichsweise **niedrigen Kosten** und die **Aufgeschlossenheit der Besucher**. Hier können Sie 1:1, im direkten Dialog, neue Kunden gewinnen und Ihre Stammkunden an sich erinnern oder auf neue Leistungen Ihres Unternehmens aufmerksam machen.

- **Roadshow**

  Eine **Hausmesse** habe ich ja bereits oben beschrieben. Wenn Sie diese nun aus Ihren Räumlichkeiten herauslösen und **mobil** machen, diese an verschiedenen geografischen Standorten durchführen, dann haben Sie eine Roadshow. Ihr Vertriebsradius ist überregional –

ganz egal, ob Sie Geschäftskunden (B-to-B) oder Privatkunden (B-to-C) gewinnen wollen – dann kann es ein probates Mittel sein, dass Sie sich zu Ihrem Markt hin bewegen. Je nach Ihrer Branche, je nach Ihrem Fokus, bieten sich die unterschiedlichsten Formen an – ob Promotion-Truck, Infostände bei Verbrauchermärkten, in Einkaufszentren, Stände auf Hausmessen Ihrer Kooperationspartner, Vortragsreihen in Konferenzzentren oder Hotels... – **es gibt immer die richtige Location, die zu Ihrem Unternehmen und zu Ihren Neukunden passt.**

- **Saisonale Veranstaltungen**

  Wenn Sie sich scheuen, rein inhaltlich aktiv zu werden, dann bietet sich auf jeden Fall eine saisonale Veranstaltung an. Mögliche Anlasse sind: Frühlingsfest, Karneval/Fasching, Kirsch-/Apfelblüte/Spargelzeit..., Sommerfest, Herbstfest, Advent, Neujahr und, und, und. Zu diesen **kalendarischen Ereignissen** oder auch **regional speziellen Highlights** können Sie eine gelungene eigene Veranstaltung etablieren – wichtig ist nur ein für Ihre neuen oder bestehenden Kunden nachvollziehbarer äußerer Anlass.

- **Seminar**

  Als Unternehmer verfügen Sie mit Sicherheit über ein ganz **spezifisches Fachwissen** in Ihrer Branche oder Ihrem Tätigkeitsbereich. Sind Sie bereit, dieses Wissen zu teilen und an interessierte Personen zu vermitteln, dann haben Sie mit einem Seminar (oder besser einer ganzen Reihe von Seminaren) ein sehr subtiles und wirksames **Veranstaltungsformat**, das Ihnen kontinuierlich neue Kunden zuführt, da Sie sich als Experte profilieren.

- **Tag der offenen Tür**

  Ganz sicher gibt es eine Menge potenzieller Kunden für Ihr Unternehmen, die eine Hemmschwelle haben, Sie direkt zu kontaktieren oder gar in Ihr Unternehmen zu kommen. Mit einer Einladung zu einem **„unverbindlichen" Tag der offenen Tür** erreichen Sie solche Kunden, die erstmals einen zaghaften Schritt in Ihr Unternehmen wagen, um sich ein Bild zu verschaffen. Natürlich können Sie für Endkunden in diesem Zusammenhang ein **riesiges Volksfest** inszenieren, Betriebsführungen anbieten und allerlei Anreize schaffen – oder Sie haben einfach nur **„offen"**. Letzteres praktizieren sehr erfolgreich die Möbel- oder Autohäuser mit ihren **Schausonntagen**, bei denen definitiv kein Kunde vom Verkaufspersonal angesprochen wird, weil auch kein Verkaufspersonal anwesend sein darf.

- **Workshop**

  Last but not least: der Workshop. Mit diesem Veranstaltungsformat binden Sie Ihre Interessenten, Neukunden und Stammkunden natürlich am intensivsten mit ein, denn es soll ja **mitgearbeitet** werden. Im Gegensatz zu Fachvorträgen, bei denen Sie einseitig Informationen übermitteln, wird hier **gemeinsam etwas erarbeitet.** Das motiviert die interessierten Teilnehmer und bildet direkt Sympathiewerte für Ihr Unternehmen. Achten Sie aber darauf, dass jeder der Teilnehmer auch für sich selbst einen Nutzen aus dieser Mitwirkung ziehen kann, dass er seine Teile des Erarbeiteten (auch geistige Ergebnisse) stolz herumzeigen oder anwenden kann.

  Zwei spontane Beispiele:

  Beispiel 1: Als Handwerksbetrieb (z. B. als Sanitärinstallateur) zeigen Sie Ihren interessierten Kunden im

Rahmen eines Workshops, wie man Abflüsse sauber halten und einfache Verstopfungen selbst beseitigen kann.

Beispiel 2: Als Webdesigner oder Werbeberater erarbeiten Sie gemeinsam mit Ihren Kunden im Workshop eine jeweils individuelle Strategie zur Suchmaschinenoptimierung der jeweiligen Kundenhomepage oder zur Optimierung der inhaltlichen Struktur.

Wenn Ihr erster Reflex nun lautet: **„Warum sollte ich mein wertvolles Fachwissen – ohne Not – kostenlos preisgeben?“**, dann sind Sie hier natürlich falsch. Aus meiner Erfahrung und Überzeugung heraus gewinnen Sie aber deutlich schneller Kunden, indem Sie etwas preisgeben, das für Ihre Kunden einen echten Mehrwert bietet. Dadurch erreichen Sie zuallererst einen **Bekanntheitsgrad**, etablieren Ihr **Renommee als kompetenter Experte** und darüber hinaus schaffen Sie **Sympathie und Vertrauen.** Dies alles wird sich für Sie auf jeden Fall lohnen.

Auf den Punkt gebracht

Sicherlich erhebt diese Liste nicht den Anspruch auf Vollständigkeit. Sicherlich geht es in der Praxis nicht immer so „trennungsscharf“ zu, denn es gibt Überschneidungen zwischen den einzelnen Veranstaltungskonzepten, d. h. Mischformen zwischen den einzelnen Formaten. Und ganz sicher ist nicht jedes Veranstaltungsformat für jedes Unternehmen sinnvoll und leistbar.

Wenn Sie diese Auflistung kritisch durchgehen und als Inspirationsquelle für Ihr Unternehmen betrachten, dann wird bestimmt die eine oder andere **Veranstaltungsidee** vor Ihrem geistigen Auge auftauchen. Aber bitte, zünden

Sie kein Strohfeuer mit einer einmaligen (Pilot-)Ausgabe, sondern **stellen Sie gleich die Weichen auf ein nachhaltiges – weil langfristiges – Konzept.** Sie werden sehen, dass sich Ihre Veranstaltung erst etablieren muss und die Zahl Ihrer Besucher erst nach und nach anwächst. Ich möchte Sie trotzdem ermutigen, Ihre Kundengewinnungs- und Kundenbindungs-Strategie durch ein stimmiges **Veranstaltungskonzept** zu unterstützen, denn mit jeder Veranstaltung kommunizieren Sie Ihren Expertenstatus und senken gleichzeitig die Hemmschwelle potenzieller Neukunden herab, auf Sie und Ihr Unternehmen zuzugehen.

10 Kundengewinnung durch Vertriebsdifferenzierung

Selbst ein etabliertes Unternehmen mit gut eingespielten Vertriebsorganen erreicht irgendwann einmal eine Grenze des Wachstums. Wenn das maximale Potenzial der erreichbaren Kunden für die bestehenden Leistungen/Produkte im angestammten Wettbewerb erreicht ist, dann gibt es drei **Möglichkeiten, um die Absatzzahlen wieder wirksam zu erhöhen:**

[1] **Innovationen**, d. h. neue Produkte oder Dienstleistungen entwickeln und diese in den bestehenden Vertriebskanälen absetzen.

[2] **Vertriebsdifferenzierung**, d. h. das bestehende Angebot in neuen Absatzkanälen vermarkten.

[3] **Eine Mischung aus 1.) und 2.)**, d. h. ein verändertes Produkt- oder Leistungsangebot für neue Vertriebskanäle entwickeln und dort gesondert vermarkten.

In diesem Kapitel beschäftige ich mich im Schwerpunkt mit den Lösungsansätzen 1. und 2., also der **Vertriebsdifferenzierung.** Viele unserer Beratungskunden haben in den vergangenen Jahren solche Projekte durchgeführt, auch um sich auf strukturellen Wandel einzustellen oder um sich aus der völligen Abhängigkeit vom angestammten Klientel zu lösen.

Vertriebsdifferenzierung durch veränderte Absatzkanäle

Ein sehr plakatives Beispiel zu einer solchen Maßnahme hat zuletzt im Mai 2013 der deutsche Importeur von Kia Motors abgeliefert – den Vertrieb zweier Modelle über den Kaffeeröster Tchibo:

> *„Mit dieser Kooperation wollen wir unsere Zielgruppe in einem anderen Umfeld ansprechen und überraschen"*, so Axel Blazejak, Direktor Marketing von Kia Motors Deutschland. *„Gerade in herausfordernden Zeiten ist Kreativität gefragt, um neue Interessenten in die Ausstellungsräume unserer Händler zu führen."*

Quelle: W&V

Ganz ähnliche Aktionen gab es bereits mit zeitlich beschränkten und vergünstigten Bahntickets, Flügen usw. bei Tchibo oder Aldi. Sicherlich gibt es noch viel mehr Beispiele, das Prinzip ist aber immer das Gleiche: Die Win-win-Situation zwischen dem Vertriebspartner mit einer hohen Zahl von Kunden (bzw. Inhabern von Kundenkarten und Empfängern des Aktions-Newsletters) und dem **attraktiven und exklusiven Angebot mit Überraschungsfaktor.**

Eine erfolgreiche Vertriebsdifferenzierung können Sie aber auch realisieren, indem Sie neben der traditionellen Vermarktung Ihrer Produkte über den stationären Fachhandel zusätzlich einen Direktvertrieb, z. B. über einen Online-Shop aufbauen. Es gibt zahlreiche Beispiele von traditionellen Fachhändlern, die sich sehr erfolgreich im eCommerce etabliert haben. Ein konkretes Beispiel ist der

Shop www.fahrrad.de, dessen Betreiber den stationären Fachhandel inzwischen komplett aufgegeben hat.

Ebenso ist es als Trend zu erkennen, dass immer mehr Hersteller von Markenprodukten versuchen, **die gesamte Wertschöpfungskette im eigenen Haus zu behalten.** Dies reicht bis in den Einzelhandel, d. h. den direkten Vertrieb an Endkunden – am traditionellen Fachhandel vorbei. Zahlreiche Beispiele aus Mode (s.Oliver), Lifestyle (Adidas), Schmuck (Wellendorff) oder Elektronik (Apple) sind Indiz dieser Entwicklung. Auch im Automobilbereich findet seit Jahren eine Umwälzung des Vertriebs, weg von Vertragshändlern hin zu eigenen Niederlassungen, statt.

Verändertes Produkt- oder Leistungsangebot für neue Vertriebskanäle

Ein Klassiker dieser Abteilung sind sicherlich Zweitmarken, die von Markenartiklern (Food & Nonfood) in der Discount-Schiene bei Aldi, Lidl und Co. massenhaft abgesetzt werden. Einen kleinen Einblick gewährt der Artikel „So tarnen sich teure Marken als Billigware im Discounter" der Welt. Dieses Erfolgsmodell funktioniert nach folgenden Spielregeln: Die Zweitmarke erwirtschaftet zwar kaum eine nennenswerte Marge, weil die Discounter den Preis gnadenlos drücken. Dafür stimmt aber einigermaßen verlässlich die Menge der abgesetzten Einheiten, und dies trägt zumindest zur **Kostendeckung bei Entwicklung und Produktion** bei. Mit der eigentlichen Marke kann dadurch ein umso **höherer Erlös erwirtschaftet** werden.

Andere Beispiele liefern pfiffige Mittelständler, darunter einige unserer Kunden, die parallel zum eigentlichen Kerngeschäft neue Kundengruppen erschlossen haben.

- **Beispiel 1**

  Ein Kunststoffverarbeiter, der seit vielen Jahren erfolgreich als Automobilzulieferer in Entwicklung und Kleinserienfertigung aktiv ist. Mit dem vorhandenen Know-how, dem vorhandenen Maschinenpark und den vorhandenen Mitarbeitern werden in auftragsschwächeren Zeiten Wahlurnen und Wahlkabinen produziert. Diese werden über einen eigenen Online-Shop sehr erfolgreich an Kommunen, Gewerkschaften etc. vertrieben und sorgen für ein deutlich schwankungsfreieres Wirtschaften im Unternehmen.

- **Beispiel 2**

  Ein industrieller Schreinereibetrieb ist spezialisiert als Zulieferer für große Messe- und Ladenbauunternehmen. Ein breites Spektrum an Lösungen rund um Messestände, Ladenbau, Displays etc. wurde in den vergangenen 25 Jahren entwickelt. Die hohe Abhängigkeit von saisonalen Spitzen unter „Volllast" und regelmäßig darauf folgenden „Ruhephasen" machte dem 100 Mitarbeiter zählenden Unternehmen sehr zu schaffen. Durch den Aufbau zweier eigener Möbellinien und den eigenen Direktvertrieb kann nun die Produktion wesentlich gleichmäßiger ausgelastet werden, und die Ertragssituation ist unabhängiger von den wenigen Bestandskunden.

■ **Beispiel 3**

Eine Vertriebsorganisation beschäftigt sich seit vielen Jahren mit der Beratung und dem Verkauf rund um hochwertige Netzwerkmesstechnik. Im Sortiment sind bekannte Produkte des marktführenden Herstellers, aber auch preisgünstigere Alternativen. Nachdem bei der Marktbearbeitung immer wieder Hemmnisse aufgrund des hohen Einstandspreises für diese Geräte auftauchten, wurde eine klare Vertriebsdifferenzierung entwickelt, die auch tatsächlich sehr gut vom Markt angenommen wird: Netzwerkmessungen/Diagnosen als Dienstleistung! So kann das Unternehmen nun, neben dem reinen Produktvertrieb, mit dem Dienstleistungsbereich ganz neue Kundengruppen erschließen.

Auf den Punkt gebracht

Nahezu jedes Unternehmen kann durch eine Vertriebsdifferenzierung **ein weiteres Standbein „out of the Box"** realisieren. Allerdings ist hierzu etwas Kreativität erforderlich oder gute Beratung von objektiven Außenstehenden oder besser beides. Auch **Sensibilität** ist gefragt, denn wenn Sie mit Ihrer neuen Vertriebsform u.U. im Revier Ihrer aktuellen Bestandskunden oder Vertriebspartner „wildern", dann ist schnell viel wertvolles Porzellan zerschlagen, sprich Vertrauen verloren.

11 Kundengewinnung durch Weiterempfehlungs-Marketing/Referenzen

Ganz viel wertvolles Potenzial wird bei der Kundengewinnung durch mangelnde Referenz-Darstellung und durch nicht ausreichend motivierte „Weiterempfehler" vernachlässigt – das zeigt mir meine fast 25-jährige Berufspraxis in der Beratung mittelständischer Unternehmen.

Dabei ist doch nichts überzeugender und bestechender als eine **positive Kundenaussage** über eine Unternehmensleistung oder ein Produkt.

Ein ganz anschauliches und nachvollziehbares Beispiel aus der Gastronomie:

> Sie gehen durch eine Fußgängerzone mit mehreren Bars, Restaurants und Cafés mit Außenbewirtschaftung. Sie haben Durst oder Hunger. Sie suchen im Regelfall Ihren Platz dort, wo am meisten los ist – ob Sie es wollen oder nicht. Das ungeschriebene „**Gesetz der Masse**" hält Sie unweigerlich davon ab, sich in ein völlig leeres Café zu setzen, obwohl nebenan fast alle Tische belegt sind.

Diese psychologische Komponente gilt definitiv für alle Unternehmen – **attraktiv, weil begehrt, oder uninteressant, weil nicht (oder nicht nachvollziehbar) frequentiert.**

Aus diesem einfachen Grund sollte jeder engagierte Unternehmer peinlichst darauf achten, dass seine Referenz-

Darstellung stimmt, möglichst umfangreich ist, und die zufriedenen Kunden als Weiterempfehler/Multiplikatoren agieren. Alle potenziellen Neukunden orientieren sich gerne an anderen (vor allem zufriedenen) Kunden, an klangvollen Namen in der Kundenliste oder an nachprüfbaren Belegen der Leistungsfähigkeit eines Unternehmens. Bei der **Kaufentscheidung** und der **Überwindung der Hemmschwelle** zur ersten Kontaktaufnahme ist dieses Instrument preiswerter und wirkungsvoller als jede noch so ausgetüftelte Kommunikationsmaßnahme.

Darstellung Ihrer Referenzen – mögliche Formen

- **Dokumentation von Referenz-Projekten (Fotos/ Stories)**

  Vom medialen Weg der Streuung einmal völlig abgesehen (also, ob Sie Ihre Referenz-Stories im Internet dokumentieren, eine **Mappe für das Verkaufsgespräch** zusammenstellen oder **im Schaufenster darstellen** – das alles verfehlt seine Wirkung nicht. Noch ein Beispiel: Haben Sie sich schon mal gefragt, warum im Aushang von Banken oder Immobilienbüros Objekte hängen, die mit einem dicken Stempel als „verkauft" gekennzeichnet sind? Das Objekt können Sie zwar nicht mehr erwerben, aber unterschwellig lernen Sie, dass hier offensichtlich kompetent und effizient gearbeitet wird. Klar, das sind **Referenzen!** Je nach Branche bieten sich unterschiedliche Formen der Referenz-Darstellung an, teilweise auch in Kombination. Exemplarische Beispiele aus unserem Kundenkreis und auf unserer eigenen Homepage:

  – BERGER der Betriebseinrichter: Anwendungsbeispiele
  – dataglobal GmbH: Success-Stories
  – modus_vm: Referenz Bowling-Arena

- **Empfehlungsschreiben/Testimonials**

  Lassen Sie Ihre Kunden für sich sprechen und stellen Sie das plakativ dar! Dazu müssen Sie natürlich Ihre Kunden zuerst um das Einverständnis bitten und dann entsprechend motivieren, Ihnen einige verwendbare Zeilen zu senden. Mit etwas Charme und gutem Zureden sollte Ihnen das gelingen! Verwenden können Sie diese Empfehlungsschreiben/Testimonials in einer Mappe (in Papierform oder als Sammlung von PDF-Dokumenten), die Sie **mit jedem Angebot verschicken** oder **beim persönlichen Verkaufsgespräch** vorlegen. Ferner bietet sich jede dieser Erfolgsgeschichten auch zur **Nutzung in Ihrem Newsletter** oder **auf Ihrer Homepage** – auch zur Darstellung **in Ihrem Newsbereich** – an. Hierzu ebenfalls wieder exemplarische Beispiele aus unserem Kundenkreis und auf unserer eigenen Homepage:

  - BERGER der Betriebseinrichter: Überzeugte Anwender
  - Bürkle & Schöck Elektroanlagen GmbH: Aktuelles, Veranstaltungen und Wissenswertes
  - modus_vm: Kunden über uns

- **Kundenliste**

  Die Benennung und Darstellung Ihrer Kunden schafft **Transparenz und Vertrauen.** Führen Sie auf jeden Fall eine stets aktuelle Kundenliste (mit zufriedenen Kunden), so dass sich ein Interessent dort jederzeit erkundigen kann. Diese Liste sollte sowohl auf Ihrer Homepage verfügbar sein, als auch mit jedem Angebot oder **im persönlichen Verkaufsgespräch** kommuniziert werden. Über die Auflistung Ihrer aktuellen Kunden (Quantität und Qualität) transportieren Sie eine Menge **Informationen über Ihre Leistungsfähigkeit**, über die Sie ansonsten viele Worte verlieren müssten. Einige Beispiele aus unserem Kundenkreis und auf unserer eigenen Homepage:

- dataglobal GmbH: Referenzen
- Treuhand Stuttgart GmbH: Mandanten und Branchen
- modus_vm: Kundenliste

- **Testimonial-Kampagne**

  Noch offensiver gehen Sie mit Referenzen um, indem Sie Ihre Kunden aktiv in Ihre Kommunikationsstrategie einbinden. Beispiele sind sogenannte „Testimonial"-Anzeigenkampagnen, -Plakatmotive, -Messeposter oder -Werbebanner im Internet, auf denen Sie Ihre **Kunden mit positiven Aussagen über Ihre Leistungen für sich zu Wort kommen lassen.**

- **Pressearbeit/PR**

  Machen Sie herausragende Projekte (Best Practices) und individuelle Kundenlösungen **öffentlich.** Indem Sie – immer das Einverständnis und Mitwirken Ihres Kunden vorausgesetzt – eine abschließende Dokumentation Ihrer Leistungen zum Bestandteil Ihrer regelmäßigen Pressemitteilungen machen, binden Sie einerseits Ihren Bestandskunden (auch er erhält eine verstärkte öffentliche Wahrnehmung) und andererseits **schärfen Sie Ihre Kompetenzdarstellung** für potenzielle Neukunden.

Referenz-Kunden aktiv als Vertriebsorgane gewinnen

Kundenzufriedenheit ist oberste Unternehmerpflicht – darüber muss ich nicht gesondert schreiben. Wenn Sie es aber schaffen, **Ihre zufriedenen Kunden systematisch zu begeisterten Fans zu machen**, dann wird das Ganze für Ihre Kundengewinnung relevant. Es gibt einige Instrumente, mit denen Sie Ihr **Weiterempfehlungs-Marketing** strategisch aufbauen können und erfolgreich ein „**Kunden-werben-Kunden-Programm**“ anstoßen.

- **Social Media/Empfehlungsplattformen**
  Neben der 1:1-Situation, in der Ihr Kunde „über den Gartenzaun“ für Sie werben kann, gibt es heute eine noch viel potentere Umgebung – die virtuelle Welt der **Sozialen Netzwerke** wie Facebook, Google+ & Co. oder **Empfehlungsplattformen** für nahezu jede Branche. Versäumen Sie auf keinen Fall, Ihre Kunden aktiv darum zu bitten, hier **positive Statements** über Sie zu verfassen oder Ihnen ein „Like“ zu geben. Diese höfliche Aufforderung sollte auf Ihrer Homepage erkennbar sein, auf allen schriftlichen Korrespondenzen (auch in Ihrer E-Mail-Signatur) stehen, und Sie sollten das im persönlichen Kundengespräch nochmals explizit betonen!

- **Vergünstigungen**
  Dieses klassische Beispiel bietet sich für z. B. für das Handwerk an: Wenn Sie als Bauunternehmer, als Architekt oder Handwerksbetrieb eine besonders anspruchsvolle Immobilie realisieren, dann können Sie dies als „begehbare“ Referenz benutzen, indem Sie mit dem Bauherrn einen gewissen Preisabschlag vereinbaren. Ihr Teil der **Win-win-Situation** ist es dann, dass Sie mit potenziellen Interessenten diese Immobilie bzw. Ihr Werk besichtigen dürfen und der Bauherr natürlich nur Gutes über Ihre Leistungen zu berichten weiß. Ähnliche Formen gibt es auch in anderen Branchen.

- **Gutscheine**
  Geben Sie Ihren Kunden nach dem Kauf oder nach Abschluss des laufenden Projektes einen Gutschein – zur Anrechnung auf weitere Leistungen/Produkte Ihres Hauses. Und geben Sie gleichzeitig einen zweiten Gutschein mit aus, den Ihre Kunden an Freunde/ Geschäftspartner weiterreichen können – **als Willkommens-Geschenk für neue Kunden.** Dies bindet Ihre Kunden und macht sie gleichzeitig zu Weiterempfehlern – ohne dass sie selbst aktiv „Verkaufsgespräche" führen müssen. Das ist subtil und sehr wirkungsvoll.

- **Provisionen**
  Wenn Sie sich auf das gute Zureden nicht verlassen wollen, dann entwickeln Sie ein **Vergütungssystem für Weiterempfehlungen.** Je nach Branche und Geschäftszweig muss und kann sich das natürlich unterscheiden – entweder durch eine Pauschale pro neuem Kunden oder umsatzabhängig, prozentual entsprechend dem Auftragsvolumen.

  Ein besonders charmantes Beispiel hierfür habe ich beim Böblinger Fenster- und Türenbauunternehmen Markus Lieber GmbH Bauelemente entdeckt. Hier werden sowohl die Referenzenkunden hervorragend in Wort und Bild auf der Homepage dargestellt als auch optimal zur Weiterempfehlung motiviert. Der Kunde kann, je nach Lust und Laune, pro neuem Kunden, den er wirbt, € 50, – in bar kassieren oder wahlweise als Spende für den Förderverein einer Kinderklinik aktivieren. Das ist psychologisch sehr gut, denn viele Kunden sträuben sich förmlich gegen eine Vergütung für die Weiterempfehlung (man hat das ja schließlich nicht nötig) – aber für einen guten Zweck aktiv zu werden, ist schon eine ganz andere Sache. Dieses Beispiel ist wirklich eine sehr vorbildliche – und wie ich weiß, auch gut angenommene – Lösung.

Auf den Punkt gebracht

Werfen Sie alle falsche Scham über Bord! Es ist definitiv keine Betteltour, wenn Sie Ihre Kunden zur Mitwirkung überzeugen. Selbst das einst so träge Handwerk hat das Potenzial des **Weiterempfehlungs-Marketings** längst erkannt und generiert traumhafte Erfolge mit diesem Instrument. Wenn Sie nach wie vor unschlüssig sind oder Ihnen die richtigen Ideen fehlen, dann holen Sie sich doch einfach externen Rat durch einen professionellen Berater wie mich und mein Unternehmen modus_vm. Wir oder andere Beratungsunternehmen können Ihnen unglaubliche Potenziale für Ihre **Kundengewinnung durch Ihre Kunden** aufzeigen, wenn Sie diese zu Fans machen!

12 Kundengewinnung durch Auftragsbörsen / Ausschreibungsportale

Sie suchen dringend und unkompliziert Kunden und Aufträge? Dann ist dieses Kapitel für Sie interessant und praktisch anwendbar.

Denn: viele Bausteine der klassischen Kundengewinnung greifen – als strategische Maßnahme eingebunden – erst mittel- bis langfristig. Diese Maßnahmen haben durchaus ihre Daseinsberechtigung, denn sie versetzen Unternehmen grundsätzlich in die Ausgangslage, eine größere Gesamtheit von potenziellen Kunden oder neue Zielgruppen ansprechen zu können. Hier geht es nun aber konkret um den (nächsten) einzelnen Auftrag, aus dem ja im besten Fall auch eine langfristige Kundenbeziehung entstehen kann.

Was sind Auftragsbörsen oder Ausschreibungsportale?

Nach dem Vorbild öffentlicher Ausschreibungen haben sich im Internet viele neue Portale herausgebildet, die Angebot und Nachfrage elegant zusammenbringen wollen und auch können. Führend waren hier in der Vergangenheit vor allem Plattformen für die Vermittlung von Handwerksleistungen. Anbieter wie MyHammer.de, Blauarbeit.de und Quotatis.de vermitteln zusammen rund 70.000 Aufträge pro Monat (Quelle: Handwerksblatt, 2009). Heute gibt es nahezu für jede Branche geeignete Online-Portale zur Vermittlung von Aufträgen oder Projekten. Diese teils kostenpflichtigen Angebote können sich im

Einzelfall wirklich lohnen. Zu verlieren gibt es außer den Gebühren höchstens Zeit und ein paar Nerven. Das Potenzial ist indessen wesentlich höher, denn hier werden konkrete Aufträge vergeben. Lassen Sie es auf den Versuch ankommen, direkter kommen Sie kaum zu neuen Kunden!

Um Ihnen einen kurzen Überblick über die zahlreichen Angebote zu gewähren, hier eine Liste mit Beispielen (ohne jede persönliche Wertung und ohne jeden Anspruch auf Vollständigkeit):

Öffentliche Ausschreibungen (von EU über Bund und Länder bis hin zu Kommunen)

- www.simap.europa.eu
- www.ted.europa.eu
- www.etisys.com
- www.bundesausschreibungsblatt.de
- www.bund.de
- www.bmwi.de
- www.deutsche-evergabe.de
- www.vergabe24.de
- www.vergabe.hessen.de
- www.stuttgart.de

Privatwirtschaftliche Angebote für Handwerk und Dienstleistungen

- www.auftrago.de
- www.auftragsplanet.de
- www.blauarbeit.de

- www.ihr-auftragsbuch.de
- www.jobdoo.de
- www.my-hammer.de
- www.quotatis.de
- www.undertool.de
- www.work5.de

Industrie

- www.cnc-zerspanungsboerse.com
- www.firstindex.de
- www.industrie.de

Gesundheitswesen

- www.medikompass.de
- www.xpertcube.de
- www.zahngebot.de

Baugewerbe

- www.bi-ausschreibungsdienste.de
- www.dtad.de
- www.greenprofi.de
- www.subreport.de
- www.wer-baut.de

Logistik

- www.mylogistics.net
- www.umzugsauktion.de
- www.uship.com

IT und Engineering

- www.assantia.de
- www.freelancermap.de
- www.gulp.de
- www.it-ausschreibung.de

Freie Berufe

- www.freelance.de
- www.freelance-market.de
- www.skillsbook.de

Kreativberufe

- www.designenlassen.de
- www.grafiker.de
- www.texterjobboerse.de
- www.webdesign-auftragsportal.de
- www.webdesigner-finden.de
- www.origondo.com

Verschiedenes

- www.auftragsbörse.com
- www.ausschreibungsbote.de
- www.bobex.de
- www.interlance.de
- www.kaeuferportal.de
- www.vergabereport.de
- www.vomfachmann.de

usw.

Falls Sie bislang noch Berührungsängste vor solchen Portalen hatten, z.B. aus Sorge um die Seriosität oder wegen des gefürchteten Preisdumpings durch Rückwärts-Auktionen, kann ich Sie vielleicht mit zwei interessanten Fakten zum prominenten Handwerksportal MyHammer überraschen.

[1] Seit Dezember 2011 „sperrt“ MyHammer konsequent alle Hobbybastler, Schwarzarbeiter und selbsternannten Profis von der Auftragsvergabe aus. Handwerksaufträge gewinnen können zukünftig nur noch:
   - Inhaber einer Handwerkerkarte (zulassungspflichtige Gewerke)
   - oder einer Gewerbekarte der Handwerkskammer (zulassungsfreie und handwerksähnliche Gewerke).

[2] Aber damit nicht genug: Die als sehr konservativ geltenden Handwerkskammern, die bislang als schärfste Gegner solcher Portale aufgetreten sind, denken langsam um. So hat im Januar 2012 die Bau-Innung Hamburg sogar einen Kooperationsvertrag mit MyHammer abgeschlossen. Dieses Papier sieht vor, dass die

Hanseatischen Innungsmitglieder günstigere Konditionen bei MyHammer genießen. Andere Kammern sind diesem Beispiel unterdessen gefolgt.

Über die o.g. öffentlich- oder branchenorientierten Plattformen hinaus gibt es auch Vergabe-, Auftrags- und Kooperationsbörsen von Verbänden, z.B. dem BVMW, der IHK oder von Social-Media-Plattformen wie xing.de, die einen Blick ebenfalls lohnen.

Es scheint also an der Zeit zu sein, sich vorbehaltlos etwas näher mit diesen Möglichkeiten der Auftrags- und Kundengewinnung zu beschäftigen. Wie schon gesagt, im Einzelfall gilt es nach wie vor, die Seriosität und das Kosten-Nutzen-Verhältnis genau zu prüfen. Am besten, Sie fragen nach Referenzen und sprechen auch persönlich mit den darin benannten Unternehmern über ihre Erfahrungen. Wenn das alles positiv klingt, versuchen Sie es doch einfach mal!

Konkrete Tipps zur Vorgehensweise gibt ein guter Blogbeitrag auf www.internet-sehr-einfach.de, auf den ich bei der Recherche zu diesem Kapitel gestoßen bin.

Weitere Artikel: www.handwerksblatt.de

13 Kundengewinnung durch Direktmailings / Mailings

Mit diesem Kapitel stelle ich Ihnen ein – aus meiner Sicht – nach wie vor sehr starkes Instrument der Neukundengewinnung vor: das Direktmailing. Und das Direktmailing kann definitiv eines: einen sehr großen Empfängerkreis außerhalb des lokalen Umfeldes erreichen!

Aber: Als isoliertes Marketing-Modul, d.h. ohne begleitende Maßnahmen, funktioniert auch das beste Direktmailing nicht so, wie Sie es sich vielleicht für die schnelle Kundengewinnung erhoffen. Es kommt hier auf Strategie, Timing und Ausführung an.

Der Klassiker bei der Neukundengewinnung ist nach wie vor hoch effektiv. Voraussetzungen für den Erfolg sind:

- die richtige Botschaft mit klar verständlichem Kundennutzen
- die richtige Zielgruppe und qualifizierte Ansprechpartner
- die Originalität des Mailings
- die Möglichkeit einer direkten Reaktion (Response)
- Timing und konsequentes Nachfassen und
- interne Information.

Die übergreifende Begrifflichkeit für diese Form der Kundenansprache nennt sich Direktmarketing oder Dialogmarketing, was uns Wikipedia umfassend erläutert. Weniger theoretisch, sondern auf der Basis von Praxiserfahrung, gebe ich Ihnen hier einige Anregungen, wie Sie Ihr Direktmailing erfolgreich gestalten können. Viele der nachfolgenden inhaltlichen Tipps gelten im Übrigen ebenso für das nachfolgende Kapitel 14 *„E-Mail-Marketing"*.

Verständlich kommunizieren / klaren Nutzen schaffen

Reden Sie nicht in Rätseln und vermeiden Sie allgemeine Formulierungen, wie sie jeder Ihrer Mitbewerber auch absondern könnte. Geben Sie dem Leser Ihres Mailings die Chance, dass er sich sofort selbst persönlich angesprochen fühlt (indem Sie z.B. ein Problem ansprechen, unter dem Ihre Zielperson ganz sicher leidet). Ferner machen Sie unmissverständlich klar, dass nur Sie die ultimative und sofort verfügbare beste Lösung dafür haben. Nur wenn der Empfänger sofort seinen Kundennutzen erkennt, wird er sich weiter mit Ihrem Mailing – und somit mit Ihrem Angebot – beschäftigen.

Zielgruppe definieren

Machen Sie sich bei der Planung Ihrer Direktmarketing-Maßnahme auf jeden Fall eine klare Vorstellung, wen Sie ganz genau ansprechen wollen und auch müssen, wer ist Ihr Entscheider? Der Inhaber, der Geschäftsführer, der Einkäufer, der Leiter der IT, der Personalleiter, der Manager des Fuhrparks ...? Je nach Betriebsgröße, die Sie (B-to-B) adressieren, ist diese Frage ganz unterschiedlich zu bewerten. Vertreiben Sie z.B. ein innovatives Produkt in der Telekommunikation, wird dies bei Unternehmen ab 500 Mitarbeitern wohl kaum direkt den Geschäftsführer oder Vorstand interessieren. Bei einem Handwerksbetrieb hingegen erübrigt sich zumeist die Frage nach dem IT-Leiter. Finden Sie unbedingt heraus, wie die Struktur Ihrer Zielkunden ist und welcher Ansprechpartner über Ihr Produkt oder Ihre Leistung entscheidet! Ein absolutes „No Go“ sind Anschreiben mit dem Ansprechpartner „Geschäftsleitung“ und der Anrede „Sehr geehrte Damen und Herren“ oder „Lieber Einkaufsleiter“... Diese Portokosten können Sie sich sparen.

Adressen beschaffen und qualifizieren

Im nächsten Schritt bilden Sie Ihre Adressliste, indem Sie entweder Ihre Wunschkunden „händisch“ aus Verzeichnissen, wie z.B. Branchenbüchern oder Internetverzeichnissen wie Branchenportalen, Verbandsdatenbanken oder Social Networks zusammentragen. Alternativ kaufen Sie sich diese Zielgruppenadressen bei sog. Adressbrokern, z.B. www.schober.de oder z.B. bei Ihrer IHK. Bei diesem „Kauf“ sollten Sie allerdings beachten, dass es sich dabei eher um eine Miete handelt, d.h. Sie erwerben in der Regel nur das Recht zur einmaligen Nutzung. Näheres sollten Sie auf jeden Fall vor der Nutzung der Adressen bei Ihrer Bezugsquelle erfragen. Gleichgültig wie und wo Sie sich Ihre Zielgruppenadressen beschaffen, es ist auf jeden Fall sinnvoll, direkt vor der Aussendung durch ein persönliches Telefonat Folgendes herauszufinden:

- Ist der vermeintliche Ansprechpartner für mein Ansinnen überhaupt zuständig?
- Ist der Ansprechpartner noch im Unternehmen?
- Oder wer ist mein richtiger und aktueller Ansprechpartner?
- Gibt es vielleicht ein Team von Entscheidern?
- Wie heißt mein Ansprechpartner mit Vor- und Zuname, hat er einen Titel?
- Ist mein Ansprechpartner gerade im Urlaub, auf Geschäftsreise oder auf Weiterbildung?

Achtung: Datenschutz!

Beim Erstellen Ihrer Adressdatenbank sollten Sie beachten, dass Sie die Vorgaben des Bundesdatenschutzgesetzes (BDSG) einhalten. Alles Relevante hierzu können Sie in meinem entsprechenden Blogbeitrag unter www.unternehmer-impulse.de nachlesen.

Demnach ist es Ihnen also nach wir vor möglich, sog. „listenmäßig zusammengefasste Daten" über spezielle Berufs-, Branchen- oder Personengruppen zu sammeln, die aus frei zugänglichen Quellen, wie aus Telefonbüchern oder Branchenverzeichnissen, zusammengetragen wurden.

Listendaten dürfen im B-to-B-Bereich (also in der Kommunikation von Unternehmen zu Unternehmen) für Werbezwecke gespeichert und genutzt werden, wenn die berufliche Anschrift genutzt wird und für einen sog. „beruflich bedingten Bedarf" geworben wird. Die Interpretation hierzu überlasse ich gerne Ihnen, vermute aber, dass Sie auf jeden Fall Produkte oder Leistungen bewerben wollen, die einen „beruflich bedingten Bedarf" abdecken.

Originalität

Ein simples Anschreiben auf Ihrem Briefbogen ist kein Direktmailing! Immer wieder erlebe ich dieses Missverständnis. Solche Standardanschreiben landen allzu schnell im Papierkorb oder erreichen noch nicht einmal den gewünschten Ansprechpartner, weil entweder die Poststelle oder das Sekretariat solch profane Schriftstücke für den Entscheider aussortiert. Auch das beliebte Flyer-Format DIN lang, 6-seitig (also ein zweifach gefalztes DIN A4-Blatt) ist unterdessen so „ausgelutscht", dass es kaum noch Begeisterung auslösen kann. Gefragt sind ausgefallene Konzepte, die durch Form, Funktionalität und Gestaltung aus der Masse herausstechen und schon deshalb

[1] beim Entscheider landen und
[2] dessen Neugier und Spieltrieb bedienen.

Im Rahmen meiner Tätigkeit habe ich eine ganze Reihe herausragender Mailings konzipiert, die aufgrund ihrer Originalität auch jeweils den gewünschten Erfolg erzielten. Eine allgemein gültige Kreativ-Formel gibt es hierfür aber leider nicht. Die Herausforderung liegt jeweils individuell darin, dass das Mailing sowohl zum werbetreibenden Unternehmen, zur transportierten Botschaft und zur Zielgruppe passen muss.

Responsemöglichkeit

Ein Mailing ohne direkte Rückantwort-Möglichkeit ist eine verpasste Chance. Darauf zu zählen, dass ein potenzieller Kunde aufgrund unseres Mailings selbst aktiv wird, das Telefon in die Hand nimmt und sein Interesse bekundet, ist der Idealfall – aber leider zu selten. Sehr viel größer ist die Chance zur Interaktion, wenn er eine zunächst „unverbindlichere" Antwortmöglichkeit per Rückantwortkarte, per Telefax oder per E-Mail-Formular hat. Auf Letzteres können wir heute z.B. direkt per QR-Code verlinken.

Timing und Nachfassen

Wie sieht Ihr normaler Montag aus? Hektisch, oder? Genau so geht es Ihnen direkt vor oder nach Ihrem Urlaub oder wichtigen Konferenzen, Tagungen, Messen ... Berge von Post, E-Mails und Entscheidungen sind zu bewältigen. Sicher können Sie sich vorstellen, dass Ihr potenzieller Neukunde in einer solchen Situation weniger empfänglich für Ihre Botschaft ist. Finden Sie also vor dem Versand Ihres Mailings heraus (siehe *„Adressen beschaffen und qualifizieren“*), wann genau Ihr Ansprechpartner voraussichtlich am wenigsten im Stress ist. Und: Senden Sie niemals an einem Freitag Ihre Mailings aus, denn die landen so im Regelfall am Montag, für viele Entscheider der Hauptkampftag, auf dem *Schreibtisch des Grauens.*

Ein weiterer Tipp: Bitte senden Sie immer nur die Menge an Mailings aus, die Sie ganz sicher nach spätestens drei Tagen (persönlich oder durch Ihre Vertriebsmitarbeiter) nachfassen, sprich: anrufen können! Man muss in dieser reizüberfluteten Zeit leider davon ausgehen, dass auch das originellste Mailing mit der besten Message bereits nach drei Tagen wieder in Vergessenheit geraten ist. Um sich also bei einem Anruf darauf beziehen zu können, sollte man in diesem engen Zeitrahmen bleiben.

Interne Information

Meine Erfahrung zeigt, dass viel zu häufig durch die Geschäftsleitung, Marketing- und Vertriebsverantwortliche Maßnahmen wie Direktmailings initiiert und durchgeführt werden, über deren Inhalt im restlichen Unternehmen niemand wirklich informiert ist. So kann es im Falle einer Rückmeldung zu sehr skurrilen und kontraproduktiven Situationen kommen. Stellen Sie sich doch mal vor, dass Sie ein Direktmailing für ein neues Produkt verschicken und einer Ihrer Mitarbeiter, der zufällig am Telefon ist, antwortet einem Interessenten: „... darüber weiß ich ja gar nichts.“ Also: Machen Sie jede Marktkommunikation auch zum Bestandteil Ihres Innenmarketings und nutzen Sie die Chance, mit Ihren Aktivitäten die Mitarbeiter gleichzeitig zu motivieren!

14 Kundengewinnung durch E-Mail-Marketing

Die E-Mail ist das Kommunikationsinstrument unserer Zeit. Obwohl nach 30-jähriger technologischer Geschichte aktuell schon oft totgesagt und von Trendexperten als rückständig diffamiert (die Nachrichtenübermittlung über soziale Netzwerke oder Messenger-Dienste, z.B. WhatsApp, läuft mittlerweile der E-Mail den Rang ab – hauptsächlich unter Teenagern), laufen im Geschäftsverkehr doch noch die wichtigsten Prozesse der Kommunikation über dieses Medium.

Nach einer Studie der Radicati Group werden derzeit weltweit 191,4 Milliarden E-Mails pro Tag verschickt. Ein Grund mehr, sich die E-Mail als Instrument der Kundengewinnung einmal näher anzuschauen.

E-Mail-Marketing ist nicht gleich Newsletter-Marketing

Fälschlicherweise wird E-Mail-Marketing oft mit Newsletter-Marketing in einen Topf geworfen. Dabei geht E-Mail-Marketing viel weiter, der Newsletter ist nur ein Teil davon. Zum Thema Newsletter-Marketing habe ich bereits mit 13 Praxistipps einen umfassenden vierteiligen Beitrag unter www.unternehmer-impulse.de verfasst. Wir reden hier also nicht speziell über Newsletter. Was bedeutet dann E-Mail-Marketing?

[1] Für mich beginnt E-Mail-Marketing bereits mit jeder normalen **Geschäftskorrespondenz per E-Mail**. Wie viele Schreibfehler produzieren Sie in Ihrer Kor-

respondenz? Es gibt keinen Grund, sich bei E-Mails weniger Mühe zu geben als bei jedem normalen Brief, aber das sieht man leider allzu oft. Benutzen Sie im Unternehmen eine durchgängige und gestaltete Signatur? Weisen Sie auf spezielle Aktionen und Events hin? Verweisen Sie auf Ihr Social-Media-Engagement? Jede einzelne Kontaktchance sollten Sie nutzen, auch intern und gegenüber Interessenten, Lieferanten, Dienstleistern etc.

[2] **Formular-E-Mails**: Bekommt Ihr Kunde oder Interessent, der ein Online-Formular auf Ihrem Internetauftritt oder Webshop an Sie absendet, automatisch eine personalisierte Bestätigungs-E-Mail? Wenn nein, sollten Sie das dringend ändern.

[3] **Gezielte Akquise-E-Mails**: Haben Sie einen Zielkunden definiert und kennen den richtigen Ansprechpartner (d.h. den für Sie relevanten Entscheider) sowie seine E-Mail-Adresse? Dann senden Sie ihm ein prägnantes persönliches E-Mail-Schreiben mit der individuellen Problemlösung und einem einfachen „Call-for-action", also einer schnellen Reaktions- und Handlungsmöglichkeit per Klick, Fax, SMS oder per Anruf.

[4] **E-Mail-Kampagnen:** Auch ohne Neukunden- oder Fremdadressen praktizieren Sie E-Mail-Marketing, indem Sie, nach einer Adressselektion innerhalb Ihres Kundenbestandes, eine E-Mail-Kampagne mit speziellen individuellen Angeboten versenden. Z.B. mit einem speziell abgestimmten Angebot an Verbrauchsmaterialien für Geräte, die genau diese Kundengruppe nutzt. Gleichfalls ist es – als Cross-Selling-Maßnahme – E-Mail-Marketing, wenn Sie Kunden Ihres Angebotsspektrums „A" auf Ihre weiteren Leistungen „B" hinweisen, und umgekehrt.

[5] **Telemarketing Followup-Mails:** Wenn Sie zur Neukundengewinnung Telefonmarketing einsetzen – selbst durchgeführt oder durch einen Dienstleister – dann sollten Sie ein E-Mail-Instrument parat haben, mit dem Sie dem Angerufenen abschließend schnell eine Zusammenfassung des Gesprächs und Ihrer Lösungspotenziale senden können. Wir haben ein solches Instrument speziell entwickelt, mit dem sich über eine einfache Web-Eingabemaske personalisierte und individualisierte E-Mails per Knopfdruck auslösen lassen.

E-Mail und Datenschutz, bzw. das Recht auf informelle Selbstbestimmung

Durch die strengen Auflagen des Bundesdatenschutzgesetzes (BDSG) müssen Sie sich vor Ihrer E-Mail-Kampagne absichern, dass Sie nicht zum sog. Spammer werden. Sie benötigen grundsätzlich das schriftliche Einverständnis des betroffenen Kunden oder Kontakts zum Speichern und Nutzen seiner Mailadresse. Näheres hierzu habe ich hier ebenfalls in einem gesonderten Blogbeitrag unter www.unternehmer-impulse.de beschrieben.

E-Mail-Adressen kaufen?

Immer wieder geistern Angebote von unseriösen Anbietern durchs Internet und in die Mailboxen, die einem z.B. 10.000 Mail-Adressen anbieten. Als Quelle wird meistens die Aufgabe einer bislang penibel geführten Datenbank genannt. Vom Erwerb solch unseriöser Adressen – gleichgültig wie verlockend günstig das Angebot sein mag – rate ich dringend ab. Damit bringen Sie sich auf jeden

Fall in Schwierigkeiten, denn diese Kontakte haben Ihnen auf keinen Fall das Einverständnis zur Speicherung und Nutzung gegeben.

Was bleibt also? Der Gang zu einem seriösen Adressbroker, z.B. Fa. Schober, der zusammen mit Partnern einen B-to-B-E-Mail-Pool aufgebaut hat, der laut eigenen Aussagen über 350.000 E-Mail-Adressen von Führungskräften mit eindeutigem Opt-In (also einer nachweisbaren Einverständniserklärung) umfasst. Hier sollten Sie bei Interesse einmal anfragen, was die Beschaffung der für Sie relevanten Zielgruppen-Adressen kosten könnte.

15 Kundengewinnung durch Fachpublikationen

Bei einer nachhaltig erfolgreichen Kundengewinnungsstrategie gilt es zunächst, auf Ihr Unternehmen und Ihre Leistungen aufmerksam zu machen, d.h. Sie benötigen einen gewissen Bekanntheitsgrad und eine kompetente und vertrauenswürdige Reputation. Folgen wir dem in der Werbewirkungsforschung anerkannten AIDA-Modell, so gilt es im ersten Schritt (A = Attention), Aufmerksamkeit in der Zielgruppe zu erregen. Als besonders geeignet hierzu empfehle ich die Veröffentlichung von qualifizierten Fachpublikationen.

Arten von Fachpublikationen

- Aktuelle oder „wissenschaftliche" Fachartikel in Fachmagazinen, print und online
- Beiträge/Artikel in Verbandsorganen (Print, Newsletter oder online)
- Blogbeiträge in einem eigenen Weblog oder als Gastautor
- Forenbeiträge in zielgruppenrelevanten Portalen
- Veröffentlichung von Fachbüchern / Ratgebern

Diese Liste ist sicherlich noch nicht vollständig, da die Kommunikationskanäle auch stark abhängig von den Gegebenheiten in Ihrer Branche und Ihrer Zielgruppe sind.

Wie auch immer, wenn Sie sich zu Ihrem Thema wahrnehmbar als kompetenter Experte positionieren, dann wird Ihnen das langfristig den Zulauf neuer Kunden sichern. Ein schöner Nebeneffekt, den wir nie vernachlässigen sollten, ist die Begeisterung und Bindung von Bestandskunden. Auch diese werden Ihre Beiträge wahrnehmen und sich so als Ihr Kunde „gut aufgehoben“ und bestätigt fühlen.

Die richtige Vorgehensweise

Gleichgültig ob Sie nun beabsichtigen, ein Buch zu schreiben oder eine Reihe von Fachartikeln zu lancieren – auf das richtige Timing und die Originalität kommt es an. Sind Sie z.B. Architekt und 20 Ihrer direkten Wettbewerber haben bereits ein Buch über das Bauhaus verfasst, dann sollten Sie das lassen. Was sind im Moment die brennenden Themen? Energieeffizienz, intelligente Steuerungstechnik, flexible Raumsysteme? Wenn dem so ist, dann schreiben Sie die Bibel zu diesen Themen! Verstehen Sie Ihre Veröffentlichung als zunächst kostenlose Dienstleistung, mit der Sie dem Leser (also Ihren Bestandskunden und potenziellen Neukunden) einen Mehrwert bieten. Damit Sie hier ganz sichergehen, den richtigen Nerv zu treffen, betreiben Sie vorher unbedingt eine ausgiebige Marktanalyse und sprechen Sie z.B. mit einigen Ihrer Kunden, um herauszufinden, welche Art von Veröffentlichung(en) auf besonderes Interesse treffen.

Fachbeiträge – Differenzierung

Bei Fachbeiträgen gibt es zwei grundsätzlich unterschiedliche Vorgehensweisen:

a. „Freie" Fachartikel

Diese Fachartikel erstellen Sie ohne konkrete vorherige Abstimmung mit Redakteuren oder Redaktionen, zur Veröffentlichung auf Ihrer Homepage, auf Ihrem Blog, in Ihrem Newsletter und/ oder zur Verteilung über Ihren PR-Channel (z.B. über Online-PR-Portale wie www.openpr.de). Hier bauen Sie sich nach und nach eine „eigene" Leserschaft auf. Dazu sollten Sie unbedingt einen genauen Redaktionsplan definieren und einen fixen Veröffentlichungsintervall planen, z.B. für den Zeitraum von zwei Jahren jeden Monat ein Beitrag. Diese Beiträge sollten Sie zwar thematisch vordefinieren, sich aber auch genügend Flexibilität für die Reaktion auf aktuelle Ereignisse bewahren. Gerade der Bezug zu aktuellen Ereignissen macht Ihre Beiträge interessant und Sie zum kompetenten Meinungsführer.

b. Redaktionelle Fachartikel

Diese Fachartikel erstellen Sie ganz gezielt und in Abstimmung mit den Redaktionsplänen der von Ihnen für relevant betrachteten Medien. Hierzu ist es vorab notwendig, die Bedürfnisse und Interessen der Leserschaft ganz genau zu studieren und der Redaktion den eigenen Fachbeitrag als wichtige Bereicherung schmackhaft zu machen. Dies wird Ihnen nur durch intensive persönliche Kontaktaufnahme und entsprechende Überzeugungsarbeit bei den zuständigen Redakteuren gelingen. Besser, Sie bedienen sich der Dienstleistungen einer professionellen externen PR-Agentur, die über diese Kontakte bereits verfügt und Ihre Beiträge entsprechend erfolgreich platzieren wird.

Blogbeiträge und Forenbeiträge

Mit Blogbeiträgen, Forenbeiträgen und Kommetaren – unabhängig davon, ob auf Ihrem eigenen Medium oder als Gast – können Sie sich am elegantesten in ein kompetentes Licht als Meinungsführer rücken. Hier kommt es aber auf die richtige Dosis an, übertreiben Sie nicht und „spammen“ Sie nicht alle möglichen Foren und Blogs mit Ihrer Meinung zu. Qualität steht vor Quantität. Auf jeden Fall sollten Sie sich auf einige wenige Plattformen konzentrieren und diese dann auch konsequent im Auge behalten. Rechnen Sie auch mit kontroversen Meinungen und gehen Sie ausführlich darauf ein. Denn: hier sind Sie als Autor im Bereich Social Media angekommen, mangelnde Interaktion wird in diesem Umfeld sofort bestraft. Auf jeden Fall lässt sich das Verfassen von Blogbeiträgen oder Kommentaren wunderbar kombinieren mit Ihren Fachbeiträgen (ob in Fachtiteln oder auf Ihrer Homepage), indem Sie Verweise schaffen und so den Traffic nochmals erhöhen.

Last but not least: der Fluch mit dem Buch

Zugegeben: Der Gedanke, mit dem eigenen Sachbuch die Bestseller-Listen zu stürmen, Fernseh- und Radiointerviews in Reihe zu geben sowie bei allen wichtigen Talkshows als prominenter Gast aufzutauchen, ist doch verlockend, oder? Aber: Die wenigsten Autoren schaffen diesen kometenhaften Aufstieg. Die meisten Buchautoren, die ich persönlich kenne, sitzen auf einer Menge ihrer Bücher und wissen nicht so recht, wie sie diese wieder loswerden sollen. Hier kommt es absolut auf den richtigen Verlag und den richtigen Vertrieb an. Mein Tipp: Bevor Sie sich mit Ihrem Manuskript fest in die Hände eines Verlages begeben, fragen Sie unbedingt die anderen Autoren dieses Hauses nach ihren Erfahrungen! Auf jeden Fall kann ich, für meinen Fall, die UVK Verlagsgesellschaft sehr empfehlen. Unabhängig von möglichen Imponderabilien, z.B. durch den falschen Verlag oder mangelnde Vertriebspower, ist es natürlich immer ein tolles Aushängeschild für Sie und Ihr Unternehmen, auf ein eigenes Buch verweisen zu können – das macht immer noch Eindruck. Darüber hinaus haben Sie so schon die Frage geklärt, was Sie Ihren Kunden zu Weihnachten oder zum Geburtstag schenken können.

16 Kundengewinnung mit einer Microsite / Satelliten-Website

Bei der Kundengewinnung im Internet gibt es ein zentrales Kriterium, auf das es wirklich ankommt: die Ergebnisposition für die relevanten Suchbegriffe bei Google. Bitte sehen Sie es mir nach, dass ich hier Bing, Yahoo und alle anderen Anbieter vernachlässige, denn ein Marktanteil von 96 % (Quelle: W&V) stellt alles andere einfach in den Schatten.

Aber wie erreicht man eine der Top-Positionen bei Google und somit die Aufmerksamkeit möglichst vieler neuer Kunden? Das ist in der Theorie relativ einfach: Die eigene Internetseite/Homepage muss für Google schlicht mehr Relevanz besitzen als alle anderen, die Informationen zum gleichen Thema enthalten. Die genaue Priorisierung unterschiedlichster Faktoren wird von Google laufend „optimiert“, d.h. der sog. Sortier-Algorithmus wird laufend an sich verändernde Trends angepasst. Laut Google spielen über 200 Faktoren bei der Listung der Suchergebnisse eine Rolle.

Entscheidende Faktoren für die Google-Ergebnisposition

Sieben dieser entscheidenden Faktoren (wir können die 194 anderen Faktoren hier durchaus vernachlässigen) sind auch bei allen Veränderungsprozessen aus unserer Erfahrung heraus nach wie vor wichtig:

[1] **Domainname:** Beinhaltet der Domainname das zentrale Keyword? ... oder versuchen Sie, unter www.meier-ohg-luedenscheid.de bundesweit für „Spritzgussteile“ gefunden zu werden?

[2] **Meta-Tags:** Sind wichtige Meta-Tags wie „Keywords“, „Description“ oder „Title“ optimal genutzt? ... dies sind unsichtbare Informationen Ihrer Internetseiten, für die sich speziell der Googlebot (ein sog. Webcrawler, d.h. ein automatisierter Indizierungsdienst, der das Web systematisch durchsucht) interessiert.

[3] **Bilder**: Haben die Bilder auf Ihrer Homepage eine verwertbare Dateibenennung und einen sinnvollen sog. „Alt-Tag“? ... oder heißt Ihr Bild „Bild_0123.jpg“ anstelle von „Spritzguss.jpg“ und der „Alt-Tag“ ist gar nicht ausgefüllt?

[4] **Content**: Besteht der Inhalt Ihrer Seite nur aus wenigen verwertbaren Zeichen (sehr wenig HTML-Text) oder ist Ihre Seite sogar komplett in Flash mit tollen Animationen aufgebaut? Förderlich ist stattdessen eine angemessene Anzahl an lesbaren Zeichen, enthaltene Querverweise auf weitere Seiten mit qualifiziertem Inhalt und Dokumente, z.B. indizierbare PDF-Dokumente, die weitere Informationen zum Suchbegriff enthalten.

[5] **Keyword-Dichte**: In der Addition der o.g. Faktoren ergibt sich idealerweise eine Keyword-Dichte (d.h. Häufigkeit in Relation zum restlichen Inhalt) des relevanten Suchwortes, die der von konkurrierenden Seiten überlegen ist. Aber Achtung: viele der sog. Suchmaschinen-Experten oder SEO-Profis (SEO = Search Engine Optimization = Suchmaschinen-Optimierung) bauen ausschließlich auf diesen Faktor. Eine

schöne Klarstellung hierzu gibt‘s unter: www.karl-kratz.de/onlinemar keting-blog/seo-keyword-density.

[6] **Externe Links / Backlinks**: Zuletzt, aber doch sehr wichtig ist die Anzahl der externen Links, die auf Ihre Seite(n) verweisen. Die Mischung aus Quantität und Qualität ist hier entscheidend. Auch wenn Sie alle o.g. Faktoren erfüllt haben, benötigen Sie immer noch mehr Links (als Ihre Wettbewerber), um mit Ihrer Internetseite an die Nr. 1 unter den Suchbegriffen zu kommen. Aber Achtung: Die schiere Masse reicht nicht, gerade die Qualität ist entscheidend, d.h. wie viel Relevanz haben die externen Seiten, die auf Sie verweisen? Hier ist natürlich ein Link von www.spiegel.de wesentlich wirkungsvoller als von www.taubenzuechter-kleinkleckersheim.de.

[7] **Alter einer Domain:** Auch das Datum der Anmeldung einer Domain spielt bei der Ergebnislistung eine Rolle. Umfangreiche Informationen hierzu erhalten Sie im entsprechenden Blogbeitrag von Martin Marotz.

Problem „Bauchladen“

Ein klares Hindernis für die gute Auffindbarkeit, für die Top-Ergebnisposition und somit für die erfolgreiche Kundengewinnung durch Ihre Homepage ist ein heterogenes „unklares“ Angebotsspektrum. Gleichgültig aus welcher Branche Sie kommen; ob aus dem produzierenden Gewerbe, aus Handel, Handwerk, Verwaltung oder ob Sie Dienstleister sind – nur ein eindeutiges Profil ist gut erkennbar und kann Kunden gewinnen. Dies ist im Marketing ganz allgemein gültig und im Online-Marketing ganz besonders wichtig.

Die Praxis im deutschen Mittelstand sieht allerdings ganz anders aus.

Mit einem fiktiven Beispiel möchte ich die Standard-Ausgangslage illustrieren:

> Die Müller & Schulze GmbH, mit Sitz in Ulm, befasst sich mit der Herstellung von Kunststoff-Spritzgussteilen für die Automobilindustrie, dem Formenbau, entwickelt und vertreibt Maschinen zur Kunststoffverarbeitung, bietet einen professionellen Zuschnittservice für Plexiglas-Platten, hat einen patentierten Laminatfußboden der Marke „Lignum pseudo" entwickelt und bietet für diesen einen Verlegeservice im gesamten süddeutschen Raum an. Zugegeben, das ist völlig absurd, doch so oder zumindest so ähnlich sind ganz viele Unternehmen in unserem Land der Tüftler und Denker aufgestellt. Wenn wir jetzt noch annehmen, dass alle Leistungen eines solchen Unternehmens auf der Homepage ausgiebig beschrieben sind, dann kommen schon eine Menge von relevanten Suchbegriffen/Keywords in Summe zusammen.

Das Hauptproblem hierbei ist, dass man beim besten Willen nicht unter allen diesen Suchbegriffen auffindbar (d.h. auf Seite 1 von Google gelistet) sein kann. Warum? Ganz einfach: Picken wir uns aus dem o.g. Beispiel den Begriff „Formenbau" heraus. Für diese Leistung kann eine noch so umfangreiche Inhaltsseite existieren und alle suchmaschinenrelevanten Meta-Tags können optimiert sein – im Kontext zu den vielen anderen Begriffen auf dieser Homepage wird die Relevanz für Google immer nachrangig sein gegenüber konkurrierenden Homepages, die sich ausgiebig und ausschließlich nur mit Formenbau beschäftigen.

Natürlich spielen auch eine Menge anderer Faktoren, wie z.B. die Anzahl und Qualität der Backlinks, eine entscheidende Rolle, aber wie schon oben erwähnt, Klarheit siegt! Unsere Erfahrung zeigt, dass Sie sich in der Regel auf maximal drei Suchbegriffe / Keywords konzentrieren sollten, für die Sie Ihre Inhalte dann konsequent optimieren können.

Microsite / Satelliten-Website

Eine mögliche Lösung für das oben dargestellte Dilemma ist es, gezielt einen Teil aus der „großen" Unternehmens-Homepage (also dem Bauchladen) herauszulösen und dafür eine kleine eigenständige Internetpräsenz zu schaffen. Um im obigen Beispiel zu bleiben: Eine spezielle Homepage für das Angebot „Formenbau", die idealerweise auch dieses Keyword in der Domain enthält (z.B. formenbau-ulm.de), wird – für die eigentlich gleichen Inhalte – wesentlich erfolgreicher bei der Kundengewinnung sein. Nach und nach können Sie so für alle Ihnen wichtigen Angebotsbereiche und Zielgruppen ein kleines „Universum" mit Satelliten-Websites zu Ihrer Haupt-Homepage aufbauen.

Das klingt jetzt alles ziemlich aufwändig, ist es aber eigentlich nicht. Mit modernen Content-Management-Systemen (CMS) wie Joomla oder Typo3 sind Sie in der Lage, solche Microsites relativ einfach zu generieren und den administrativen Aufwand im Griff zu behalten. Alles was Sie jetzt noch brauchen sind die richtigen Domains, einen Experten, der Ihnen bei der Optimierung Ihrer Seiten hilft und eine ausreichende Menge qualifizierter Backlinks auf Ihre neuen Satelliten-Websites.

Fazit

Microsites sind ein ausgesprochen effektives Mittel in der Online-Kundengewinnung – für unterschiedliche Produkt- oder Leistungsbereiche, für differenzierte Zielgruppen und für temporäre Kampagnen. Sie zeigen konzentrierte Kompetenz und Relevanz für Suchmaschinen und Besucher. Übrigens kann auch ein ausgelagerter eigenständiger Blog zu einem speziellen Fachthema diese Funktion erfolgreich übernehmen. Für viele Kunden haben wir von modus_vm in diesem Bereich bereits erfolgreiche Konzepte entwickelt und in die Tat umgesetzt.

17 Kunden gewinnen und Kunden binden durch Newsletter

Regelmäßige Informationen als Newsletter/E-Mail-Newsletter sind für Unternehmen jeder Größe ein geeignetes Instrument, um neue Kunden zu gewinnen und Bestandskunden stärker an das Unternehmen zu binden. Viele meiner Kunden nutzen bereits seit vielen Jahren erfolgreich dieses Instrument. Mit meinen insgesamt 13 detaillierten Praxistipps gebe ich Ihnen in diesem Kapitel wertvolle und erprobte Anregungen und Anleitungen für Ihr erfolgreiches Newsletter-Marketing.

Tipp 1
Gewähren Sie Ihren Abonnenten die Privatsphäre

Wenn ein „Wildfremder" Ihren Newsletter abonniert, dann ist das die erste zarte Interessensbekundung eines potenziellen Neukunden, ein Indiz dafür, dass er sich für Ihr Unternehmen und Ihre Produkte oder Dienstleistungen interessiert. Aber Vorsicht: Übereifrige Vertriebs- und Marketingverantwortliche in den Unternehmen neigen allzu oft dazu, dem Interessenten bereits die gesamte Verkaufsmaschinerie angedeihen zu lassen. Das beginnt mit der Erfassung sämtlicher für den Versand eines Newsletters wirklich irrelevanter Daten, wie z.B. der kompletten Adresse, Telefonnummer ... bis hin zur Betriebsgröße und endet mit Anrufen des zuständigen Account-Managers mit der Bitte um sofortige Terminvereinbarung. So ist die Hemmschwelle zu hoch. Meine dringende Empfehlung lautet: Die Eingabe des Vor- und Zunamens sowie die E-Mail-Adresse sollten zunächst ausreichen.

Tipp 2
Achten Sie auf Ihre Rechtssicherheit bei der Verwendung von E-Mail-Adressen

Senden Sie auf keinen Fall Ihren Newsletter als „Spam“ ungefragt an alle Ihnen vorliegenden – oder gar preiswert gekauften – E-Mail-Adressen.

> Wikipedia: *Gemäß § 7 Abs. 2 UWG stellt es für den Verbraucher eine unzumutbare Belästigung dar, wenn er ohne seine vorherige ausdrückliche Einwilligung Werbung per E-Mail oder Telefon erhält. Kontaktiert der Werbetreibende einen Verbraucher ohne dessen Werbeeinverständnis („Opt-in“), stellt dies eine Wettbewerbsverletzung dar. Dies gilt sowohl für den E-Mail- als auch den Telefonkanal.*

Grundsätzlich sollten Sie sich vorab die Einwilligung Ihrer Empfänger einholen. Im sog. „Opt-in-Verfahren“ willigt Ihr Kunde, z.B. durch Anhaken einer Checkbox bei der Registrierung in Ihrem Kundenportal oder durch Unterschrift auf einem Auftragsformular – in dem Sie deutlich auf den zukünftigen Versand Ihres Newsletters hinweisen – in das Empfangen eines Newsletters ein. Noch sicherer fahren Sie mit dem „Double-Opt-in-Verfahren“.

> Wikipedia: *Beim „Double-Opt-in“ muss der Eintrag der Abonnentenliste in einem zweiten Schritt bestätigt werden. Meist wird hierzu eine E-Mail-Nachricht mit Bitte um Bestätigung an die eingetragene Kontaktadresse gesendet. Handelt es sich um ein echtes, das heißt erwünschtes Opt-in, bekommt der Abonnent eine Bestätigung seiner angegebenen Kontaktdaten. Handelt es*

sich dagegen um einen missbräuchlich erfolgten Eintrag, kann sich der unfreiwillige Abonnement-Kandidat vor einem Eintrag in die Abonnementliste schützen, indem er auf die Bestätigungsanfrage nicht reagiert. Eine Registrierung beim „Double-Opt-in" wird erst dann wirksam, wenn sie bestätigt wird. Dieses Verfahren hat sich mittlerweile im Direktmarketing durchgesetzt und wird auch im Wege der Adressgenerierung fast ausschließlich verwendet. Dieses Verfahren wird für seriöses E-Mail-Marketing von verschiedenen Organisationen, wie zum Beispiel dem Deutschen Dialogmarketing Verband (DDV), *empfohlen.*

Kurzum: Ich möchte Ihre Ungeduld zügeln, denn das alles geht nicht über Nacht. Bauen Sie sich also ab sofort Ihren qualifizierten Adressbestand sukzessive auf, auch wenn Sie erst mittelfristig planen, Newsletter-Marketing für Ihr Unternehmen einzusetzen.

Tipp 3
Machen Sie Ihren Newsletter leicht zugänglich und schaffen Sie Zusatzanreize

Damit möglichst viele neue Interessenten Ihren Newsletter abonnieren, sollten Sie diesen nicht als geheime Kommandosache behandeln, sondern auf Ihrer Homepage, in Ihrer Korrespondenz sowie in Ihren klassischen Kommunikationsmaßnahmen offensiv bewerben. Mein persönlicher Tipp: Das Formularfeld zur Anforderung Ihres Newsletters sollte möglichst plakativ auf der Startseite Ihrer Internetpräsenz zu finden sein. Um dem Interessenten einen Eindruck von der Qualität Ihres Newsletters zu gewähren, stellen Sie doch einfach die vergangenen Ausgaben auf Ihrer Homepage zum Nachlesen zur Verfügung! So hat Ihr potenzieller Kunde einen realistischen Eindruck, ob Ihr Angebot für ihn wirklich interessant ist. Zusätzliche Anreize schaffen Sie über Prämien, die Sie für Neu-Abonnenten ausloben können, z.B. attraktive Sachpreise, die Sie unter allen Anmeldungen in den kommenden x Tagen / Wochen auslosen.

Tipp 4
Bieten Sie mit Ihrem Newsletter einen messbaren Mehrwert

Ihr Newsletter wird nur dann langfristigen Erfolg haben, wenn Ihre Kunden diesen auch öffnen, ja geradezu darauf hinfiebern. Meine Erfahrung zeigt, dass Sie dies erreichen, indem Sie mit Ihrem Newsletter greifbare wirtschaftliche oder ideele Vorteile verbinden. Sie können z.B. spezielle Angebote schnüren, Rabatte einräumen, einen zeitlichen Vorsprung schaffen, z.B. indem die Abonnenten für einige Tage exklusiv auf eine gewisse Leistung Anrecht haben oder indem Sie einen Wissensvorsprung gewähren, z.B. wertvolle Praxistipps – all das in Abgrenzung zu Ihren „normalen“ Kunden. Ein zusätzlicher Tipp: Binden Sie in Ihren Newsletter einen Button ein, der eine Mail mit dem Betreff „Newsletter weiterempfehlen“ beinhaltet. So können Fans Ihres Newsletters diesen ganz einfach ihren Freunden und Kollegen empfehlen.

Tipp 5
Legen Sie Ihren Newsletter nachhaltig an

Bevor Sie loslegen, machen Sie sich bitte klar, dass Sie dieses Medium nicht nach einem halben Jahr wieder einstellen können. Der Imageschaden ist so größer als der Nutzen. Mein Rat ist, dass Sie zuerst einen langfristigen Redaktions- und Themenplan anlegen, der Ihnen ein Gerüst bietet, in dem Sie stets auch noch aktuelle Themen berücksichtigen können. Ihr Newsletter sollte mindestens aus vier bis fünf verschiedenen Themengebieten gespeist werden. Dies können z.B. aktuelle Informationen über Ihr Unternehmen, über neue Produkte, neue Dienstleistungen, Referenz-Storys, Veranstaltungen, Praxistipps oder fachliche Stellungnahmen zu Branchenentwicklungen sein. Aus meiner Erfahrung heraus empfiehlt es sich auch, hier Ihre Kunden in einer festen Rubrik zu Wort kommen zu lassen. Idealerweise erscheint Ihr Infodienst in einer regelmäßigen Abfolge, z.B. monatlich oder zumindest pro Quartal. Damit dies gewährleistet ist, definieren Sie klare Verantwortlichkeiten, wer in Ihrem Unternehmen bis wann was zu liefern bzw. zu erledigen hat. Unter strikter Einhaltung dieses Zeitplans sollten Sie die vorgedachte Frequenz einhalten können und somit den nachhaltigen Erfolg Ihres Newsletters sichern.

Tipp 6
Wählen Sie eine Betreffzeile, die neugierig macht

Vollkommen unspannend ist z.B. *„Müller GmbH Newsletter Nr. 5"* – so steigern Sie Ihre Öffnungsrate auf keinen Fall. Es ist zwar richtig, dass eine Betreffzeile kurz und prägnant sein soll, jedoch muss sie auch unbedingt eine spannende Botschaft enthalten, die z.B. einen Nutzen enthält. Beispiel: *„Müller-Info Nr. 5: klicken, lesen, bares Geld sparen!"*

Um sich hier der richtigen Aussage von Mal zu Mal anzunähern, empfehle ich, während einer Aussendung z.B. verschiedene spannende Betreffzeilen gegeneinander zu testen. Kurzum: Sie trennen Ihre Kontakte in verschiedene Gruppen und messen dann, welcher „Betreff" die höchste Öffnungsrate erzielt hat. Vermeiden Sie aber auf jeden Fall „Keywords", die verschiedene Spamfilter sofort in Alarmbereitschaft versetzen, wie z.B. „billig", „günstig", „gratis" ... oder die Anreihung von Ausrufezeichen „!!!".

Tipp 7
Gestalten Sie Ihren Newsletter ansprechend

Die heute gängigste technische Variante beim Newsletter-Versand ist das sog. Multipart-Format, also gestaltetes bzw. formatiertes HTML und reiner Text innerhalb einer E-Mail. Die reine Textvariante Ihres Newsletters ist gedacht für die Puristen unter Ihren Kunden, d.h. für alle Empfänger, deren Mail-Programm-Konfiguration die Anzeige von HTML einschränkt oder gar unterbindet. Gleichzeitig können Sie eine ansprechend gestaltete HTML-Variante mit Schriftformatierung, Bildern, Grafiken etc. versenden. Die meisten Empfänger bevorzugen (oder tolerieren) letztere Variante, wenngleich auch teilweise die Bilder innerhalb Ihrer E-Mail erst durch den Empfänger per manuellem Befehl nachgeladen werden müssen. Ich rate Ihnen jedoch, sicherheitshalber noch eine dritte Variante im HTML-Format auf Ihrem Webserver abzulegen und Ihre Mails damit zu verlinken. Dieses „Substitut" kann dann nach Bedarf im Webbrowser angezeigt werden, wenn die Mailclient-Einstellung Ihres Kunden die gewünschte Darstellung nicht zulässt.

Bei der Gestaltung und der technischen Umsetzung empfehle ich Ihnen auf jeden Fall, professionelle Unterstützung durch einen erfahrenen Dienstleister in Anspruch zu nehmen.

Tipp 8
Sprechen Sie Ihre Kunden persönlich an

Nichts ist für den Empfänger eines Newsletters abschreckender als die globale Anrede *„Liebe Kunden unseres Hauses"* oder *„Sehr geehrte Damen und Herren"*. Dies ist ein wahrer Erfolgskiller! Mit einer professionellen Newsletter-Software können Sie ganz einfach Adressen aus Excel-Listen importieren und über variable Felder – ähnlich wie bei einem Serienbrief – eine persönliche Anrede sicherstellen. Die Bedienung einer solchen Software ist allerdings nicht ganz so trivial, wie es gerne behauptet wird. Einige unserer Kunden haben sich daran schon die Zähne ausgebissen und extrem viel Zeit verschwendet. Auch hier wiederhole ich gerne meinen Tipp: Wenden Sie sich doch einfach an einen professionellen Dienstleister, der sowohl die Gestaltung als auch den Versand des Newsletters (über Ihre eigene Mailadresse) für Sie übernehmen kann.

Tipp 9
Wählen Sie den richtigen Zeitpunkt für den Versand

Da nach meiner Erfahrung über 80 % der geöffneten Newsletter sofort nach Erhalt gelesen werden, achten Sie bitte peinlich darauf, dass Sie für Ihren Versand das richtige Timing wählen. Ungünstig ist daher der Versand am Wochenende, montags, am Freitagnachmittag, während der Mittagszeit oder gar nachts. Idealerweise senden Sie Ihren Newsletter Dienstag bis Donnerstag während der üblichen Geschäftszeiten, außerhalb der Mittagspause, aus. So können Sie einigermaßen sichergehen, dass Sie den höchsten Aufmerksamkeitsfaktor erreichen. Übrigens: In einigen Unternehmen arbeiten außerhalb der üblichen

Geschäftszeiten Spamfilter, die alle Mails löschen, die z.B. nachts bzw. nach dem üblichen Dienstschluss eingehen.

Tipp 10
Betreiben Sie professionelle Erfolgskontrolle

Neben den direkt messbaren Rückläufen, wie z.B. Bestellungen oder Reply-Mails, können Sie den Erfolg Ihres Newsletters mit einem sog. Tracking messen. Sie erfahren dadurch, wie viele Ihrer Empfänger den Newsletter überhaupt geöffnet haben und welche Links, z.B. zu Ihrer Homepage, geklickt wurden. Diese Erkenntnisse sollten Sie konsequent nutzen, um kontinuierlich den inhaltlichen und gestalterischen Aufbau Ihres Newsletters zu verbessern. Vergleichen Sie verschiedene Ausgaben und deren Erfolgsquote z.B. auf Themenauswahl, Betreffzeile, Attraktivität der Angebote, Zeitpunkt des Versands etc. Mit etwas Gespür findet man schnell heraus, was mehr und was weniger erfolgreich war.

Tipp 11
Qualifizieren Sie Ihre Adressen weiter

Beim Versand Ihres Newsletters werden Sie feststellen, dass viele Mails nicht zustellbar sind. Dies kann liegen an

[1] Schreibfehlern/Syntaxfehlern in der Mailadresse (z.B. Verwendung von Umlauten oder Leerzeichen)

[2] an sog. „Out-of-Office"- oder „Autoresponder"-Replys (Ihr Adressat ist im Urlaub oder geschäftlich unterwegs)

[3] an sog. „Hardbounces" (Ihr Adressat hat die Mailadresse gewechselt oder ist nicht mehr in diesem Unternehmen beschäftigt).

Mein klarer Rat: In allen drei Fällen sollten Sie Ihren Adressbestand konsequent aktualisieren, um beim nächsten Versand die Fehlerquote deutlich zu senken. Die „Out-of-Office"-Replys eignen sich übrigens hervorragend, um durch die normalerweise enthaltene Mailsignatur fehlende Daten, wie z.B. Durchwahl, Mobilnummer, Firmierung, Funktion etc. Ihres Kontaktes in Ihrer Datenbank anzureichern. Bei Hardbounces lohnt sich mitunter ein Anruf, um herauszufinden, wer statt des nicht erreichbaren Empfängers für Sie der richtige Ansprechpartner ist. Wenn Sie oder Ihre Organisation dies alles zeitlich überfordern sollte, dann rate ich Ihnen, hierfür – auch temporär – eine geeignete Aushilfe einzustellen oder diese gesamte Aufgabe an einen externen Dienstleister zu vergeben, es wird sich lohnen!

Tipp 12
Rechnen Sie mit Ablehnung

Mal Hand aufs Herz: Die Tatsache, dass Sie trotz der Befolgung aller o.g. Ratschläge mit Ihrem Newsletter nicht bei jedem Empfänger auf spontane Gegenliebe stoßen, sollten Sie einkalkulieren. Meine Erfahrung zeigt, dass ein Newsletter auch dann erfolgreich sein kann, wenn 5 % der Empfänger diesen sofort abbestellen. In jedem Newsletter muss daher die einfache Möglichkeit gegeben sein, dieses „Abonnement" per einfachem Klick auf einen Link, z.B. „Newsletter abbestellen", wieder zu kündigen. Dass dieser Empfänger für Sie in Zukunft absolut tabu sein sollte, ist selbstverständlich.

Tipp 13
Schaffen Sie die Möglichkeit zur Interaktion

Gerade weil ein Newsletter zunächst eine einseitige Kommunikationsform darstellt, ist es hilfreich, Ihre Empfänger zur Interaktion zu motivieren. Mein Tipp: Der abschließende Beitrag in jedem Newsletter kann z.B. lauten: „Helfen Sie uns, diesen Newsletter für Sie noch wertvoller zu machen: Welche Themen interessieren Sie besonders?“ Über ein entsprechendes direkt verlinktes Online-Formular kann der geneigte „Mitwirkende“ Ihnen dann ein detailliertes Feedback geben. Die Teilnahme an dieser Befragung können Sie natürlich durch Auslobung diverser Prämien noch entsprechend steigern.

Fazit

Wenn Sie alle Tipps konsequent umsetzen – davon bin ich absolut überzeugt – dann werden Sie erfolgreiches Newsletter-Marketing praktizieren und sowohl Ihre Stammkunden begeistern als auch kontinuierlich neue Kunden dazugewinnen!

18 Kundengewinnung durch Online-Marketing

Wie der Name schon sagt, geht es in diesem zentralen Kapitel um alle Maßnahmen, die online, also via Internet, für die Kundengewinnung eingesetzt werden können. Dies ist heute eine der wichtigsten Disziplinen im Marketing und daher fällt dieses Kapitel entsprechend umfangreich aus.

Für mich ist dabei „die Mutter" aller Maßnahmen immer wieder die eigene Homepage. Diese bildet den strategischen Mittelpunkt aller Maßnahmen und fängt den erzeugten Traffic zielgerichtet auf, um dann idealerweise beim Besucher eine Handlung, hier eine sog. Conversion, auszulösen, aber dazu später mehr.

Neben dem optisch ansprechenden, gut strukturierten und durch Suchmaschinen optimal auffindbaren Internetauftritt bietet das Internet noch viel mehr Potenziale zur Kundengewinnung. So können Sie zu einzelnen Leistungen ausgelagerte Microsites/Satelliten-Homepages erstellen und erhöhen so die Relevanz dieses Auftrittes für einen speziellen Schlüsselbegriff bzw. für eine spezielle Leistung Ihres Unternehmens. Weitere Maßnahmen sind z.B. Google-AdWords-Kampagnen, E-Mail-Marketing, Bannerwerbung, Online-Videos, Affiliate-Marketing, Social-Media-Marketing, Linktausch sowie die Suchmaschinenoptimierung selbst.

Die Maßnahmen des Online-Marketing im Detail:

Internetauftritt / Homepage

Wie eingehend erwähnt, ist für mich die Homepage der zentrale Dreh- und Angelpunkt aller erfolgreichen Online-Marketing-Maßnahmen. Aber dazu muss diese Homepage verschiedene Kriterien erfüllen, die leider nur allzu oft vernachlässigt werden:

- Ansprechende **Gestaltung** – hat das Design Ihrer Homepage einen gewissen „Wow-Effekt", ist sie zeitgemäß oder strahlt sie muffige Staubigkeit aus den Anfangstagen des Webdesigns aus?
- **Emotionalität** – bieten Sie „coole" Effekte, Videos und großzügige Bilder / Grafiken mit individueller Ausdruckskraft oder Clipart- und Stockfoto-Wirrwarr mit ewig langen Textkolumnen wie 2.000 Ihrer Mitbewerber auch?
- **Usability** – sind alle Ihre Informationen leicht und zielgruppenorientiert intuitiv zu erreichen oder gleicht Ihre Homepage einem Labyrinth mit vielen Hierarchieebenen bzw. Unterseiten, frei nach dem Motto: „Wer hier etwas sucht, der soll zuerst alles andere auch anschauen." Auch gerne genommen: „Alle unsere Informationen sind so wichtig, dass sie alle auf die Startseite gehören" – erst heute haben wir eine Homepage für einen potenziellen Kunden analysiert, auf der nicht weniger als 60 Buttons, Teaserboxen oder Navigationselemente direkt auf der Startseite verstaut waren. Ein Wahnsinn! Ebenso sollte bei der Benutzerführung darauf geachtet werden, dass der Besucher stets erkennt, wo er sich gerade befindet, also in welcher Rubrik und in welcher Hierarchieebene.

- **Aktualität** – arbeiten Sie nach einem Redaktionsplan, d.h. unterschiedliche Themen werden regelmäßig behandelt und Ihre Homepage wird somit immer mit neuen Artikeln versorgt? Oder kann es vorkommen, dass Ihr letzter Beitrag mehrere Monate alt ist? Letzteres wirkt auf den Besucher weder kompetent noch attraktiv und für Ihre Google-Ergebnisposition ist es sogar pures Gift.
- **Relevanz** – bildet Ihre Homepage in Ihrem Fachgebiet eine zentrale Anlaufstelle mit vielen aktuellen Beiträgen, spannenden Hintergrundthemen, amüsanten Randinformationen, weiterreichenden Downloads und zahlreichen externen Links auf Ihre Inhalte (am besten aus Social Networks)? Oder geben Sie sich damit zufrieden, Ihre Leistungen oder Ihr Sortiment kurz und sachlich zu beschreiben – bloß nicht mehr Inhalte als unbedingt notwendig?
- **Gut strukturierte Informationen** – mit diesem Kriterium für eine gute Internetseite streifen wir dicht den bereits oben genannten Punkt „Usability". Hier geht es allerdings mehr um die inhaltliche Logik. Sind alle Ihre Inhalte logisch und optisch gut strukturiert und somit einfach zu erreichen? Oder ist detektivisches Gespür des Seitenbesuchers gefragt, um an einen bestimmten gesuchten Inhalt zu kommen? Wichtig ist hier, dass man, bevor die Homepage gestaltet und programmiert wird, eine klare Sitemap-Struktur definiert, die alle Informationen (auch die zukünftigen) logisch in einer möglichst flachen Baumstruktur einordnet.
- **Interaktionsmöglichkeiten** – kann der Besucher Ihrer Homepage auf mehreren Kanälen (so wie es ihm persönlich am liebsten ist) mit Ihnen Kontakt aufnehmen, um eventuell noch bestehende Fragen zu Ihren

Produkten oder Leistungen direkt zu klären? Idealerweise verfügt Ihre Homepage über, direkt beim jeweiligen Content eingeblendete, Response-Boxen mit direktem Zugang zu einem Online-Formular, einem Live-Chat und/oder einer eingeblendeten Service-Rufnummer, am besten noch mit einem persönlichen Ansprechpartner. Ebenso gehört es heute zum „State of the Art", dass einzelne Inhalte direkt kommentiert oder in Sozialen Netzwerken geteilt werden können. Wenn Sie noch eine Homepage haben, bei der es lediglich in der Rubrik „Kontakt" die Firmenadresse und Rufnummer abzulesen gibt, dann ist dies ein Fall fürs digitale Museum.

- **Anbindung an Social Media** – wie schon im letzten Punkt beschrieben, ist heute eine direkte Anbindung Ihrer Internetseiten an Soziale Medien wie Facebook, Google+, Xing, LinkedIn, Twitter & Co. das Nonplusultra – auch im Hinblick auf die positive Bewertung Ihrer Seiten durch Google. Dies gilt zum einen dafür, dass Ihre Texte, Bilder, Filme etc. leicht geteilt oder kommentiert werden können und somit eine virale Verbreitung finden. Natürlich mischen Sie ebenfalls aktiv in Sozialen Netzwerken mit und sorgen dort selbst für die Verbreitung Ihrer Inhalte – aber Vorsicht: Zum anderen sollten Sie die „extern" im Social Web stattfindende Kommunikation über Ihr Unternehmen bzw. Ihre Leistungen (oder Ihr Fachgebiet) auch direkt in Ihre Homepage einbinden. Dies gelingt, rein technisch, über entsprechende Newsfeeds als Teaserboxen relativ smart – bedarf aber einer konsequenten redaktionellen Überwachung. Wenn Sie auf diesen dynamischen Teil des Online-Marketing noch verzichten, dann riskieren Sie, dass der moderne – sich gerne eingebunden fühlende und öffentlich diskutierende – Kunde an Ihrem Angebot vorbeigeht.

- **Suchmaschinenfreundliche Inhalte** – sind Ihre Internetseiten gut indiziert und sind Ihre themenbezogenen Seiten jeweils optimal bei Google platziert? Nein? Dann wird es höchste Zeit für eine grundlegende Suchmaschinenoptimierung Ihrer Homepage, aber dazu Näheres in Kapitel 20).
- **Responsives Design**, d.h. optimierte Darstellung für mobile Endgeräte. Nach einer aktuellen Bitkom-Studie nutzen bereits 57 % der Deutschen das Internet über Smartphones oder Tablet-PCs. Dies ist keine Randerscheinung mehr! Schauen Sie sich doch mal Ihren Internetauftritt auf einem Smartphone an und versuchen Sie objektiv zu entscheiden, ob Funktionalität, Navigierbarkeit und Lesbarkeit hier noch gegeben sind. Betrachten Sie zum Vergleich eine Homepage, die mit einem sog. „responsiven Webdesign" umgesetzt wurde (Beispiel: www. modus-vm.de).

Affiliate-Marketing

Wikipedia definiert diesen Fachbegriff wie folgt:

> *Affiliate-Systeme (engl. affiliate „angliedern") sind internetbasierte Vertriebslösungen, bei denen meistens ein kommerzieller Anbieter seine Vertriebspartner erfolgsorientiert durch eine Provision vergütet. Der Produktanbieter stellt hierbei seine Werbemittel zur Verfügung, die der Affiliate auf seinen Seiten zur Bewerbung der Angebote des Kooperationspartners verwenden oder über andere Kanäle, wie Keyword-Advertising oder E-Mail-Marketing, einsetzen kann.*

Den kommerziellen Anbieter, z.B. einen Shopbetreiber, nennt man Merchant, den Kommunikations- oder besser Multiplikationspartner nennt man Affiliate. Für den Merchant geht es um die Generierung von Traffic oder Leads über die partnerschaftliche Zusammenarbeit mit Affiliates und der Werbung auf deren Homepages, in Newslettern, E-Mails, in Games etc. Der Affiliate erhält für diese Leistung eine Provision, die je nach Vereinbarung an den reinen Klick oder auch an daraus entstehende Umsätze gekoppelt sein kann. Große Plattformen wie Zanox, Commission Junction oder affilinet vermitteln zwischen Angebot und Nachfrage mit bis 2.500 unterschiedlichen Affiliate-Programmen.

Affiliate-Marketing verzeichnete in den vergangenen Jahren bereits enorme Zuwachsraten; und es wird noch weiter sprunghaft wachsen, in Form des sog. Mobile Marketing. Alleine bei Zanox werden schon heute 5 % des Umsatzes über mobile Endgeräte, wie Smartphones oder Tablets, generiert. Andere Vermittler beziehen bereits 12% ihrer gesamten Affiliate-Umsätze aus Mobile Traffic.

Social Media Marketing

Der Shooting-Star unter den Maßnahmen des Online-Marketing ist sicherlich die Fachdisziplin Social Media Marketing. Zur Begriffsdefinition: Social Media Marketing umfasst alle aktiven und passiven Maßnahmen eines marketingtreibenden Unternehmens in sozialen Medien. Gleichgültig, ob wir Fachforen und Blogs betrachten oder Aktivitäten in sozialen Netzwerken wie Facebook, Twitter, Xing, LinkedIn, Pinterest etc. – es geht prinzipiell darum, die Qualität und die Quantität der Kontakte eines Unternehmens zu steigern.

Die Ziele einer solchen Strategie beschreibt ein Beitrag auf Wikipedia sehr gut:

> *„Im Fokus des Social Media Marketings stehen gewöhnlich diese Bemühungen:*
>
> 1. *Aufmerksamkeit für die Marke bzw. das Produkt generieren*
> 2. *Sichtbarkeit der Marke erhöhen (Nutzer und Suchmaschinen)*
> 3. *Generierung von Online-Unterhaltungen zu Marken- und Unternehmensinhalten*
> 4. *Animierung der Nutzer zum Teilen von Unternehmensinhalten mit ihrem Netzwerk.*
> 5. *Das aktive Nutzen eines oder mehrerer Sozialen Netzwerke durch die verschiedenen Akteure, wie Kunden, Mitarbeiter, fördern.*
> 6. *Die Etablierung einer dauerhaften digitalen Verbindung zwischen Unternehmen und Kunden*
>
> *Social Media Marketing kann u. a. bei der Erreichung der folgenden Ziele helfen:*
>
> 1. *Aufbau und Pflege eines positiven Markenimages (Reputation*
Management)
> 2. *Steigerung der Markenbekanntheit (Brand Awareness)*
> 3. *Verbesserung der Besucherzahlen der Webseite*
> 4. *Akquise von Kunden*
> 5. *Weiter- und Neuentwicklung von Produkten.“*

Grundsätzlich gilt es, eine möglichst hohe Zahl von Fans, Followers oder Likes zu gewinnen und zu halten. Je höher die Zahl dieser aktiven Fans ist, desto schneller verbreiten sich die eigenen Inhalte und natürlich der eigene Name viral, denn jeder der Fans hat wiederum ein persönliches

Netzwerk, in dem dann auch Ihre Inhalte, Beiträge und Posts wahrgenommen werden können. Also, wenn es läuft, ein schönes Schneeballsystem.

Aber Vorsicht: kein Erfolg ohne strategisches Konzept. Es reicht nicht aus, einfach nur dabei zu sein, beispielsweise ein Firmenprofil bei Facebook oder einen Blog einzurichten und dann abzuwarten. Ebenso sollte man es nicht übertreiben und das erste zarte Pflänzchen des Erfolgs, z.B. eine Handvoll Fans, dreimal täglich mit plumpen Werbebotschaften zu überschütten. Beides kann ein „Schuss ins Knie" sein, denn

[1] besser keine Beteiligung in sozialen Netzen als ein „tote" – oder keinen Blog als einen ohne Besucher;

[2] reagieren soziale Netzwerke ausgesprochen negativ auf „Werbespam". Es kann Ihnen schnell passieren, dass ein sog. „Shitstorm" über Sie hereinbricht (das heißt, dass massenhaft negativ über Sie geschrieben wird) und dann haben Sie hinterher ein negativeres Image als vorher.

Also, es kommt auf die richtige, mit Ihren Zielen und Möglichkeiten optimal abgestimmte Strategie an. Lassen Sie sich am besten hierbei von einem erfahrenen Berater unterstützen.

Google-AdWords-Kampagnen

Bei Google auf der ersten Seite ganz oben zu stehen ist eine der wichtigsten Grundvoraussetzungen für den gewünschten Traffic auf der eigenen Homepage. Wenn das durch Suchmaschinenoptimierung (englisch: Search Engine Optimization = SEO) nicht (sofort) gelingt, dann kann eine Google-AdWords-Kampagne kurzfristig für Erfolg sorgen.

Die Funktionsweise ist schnell erklärt:

- Als Werbekunde bezahlen Sie bei Google pro Klick auf Ihre digitale Anzeige (Cost-per-Click / CPC), nicht für die reine Einblendung.
- Die Anzeigen werden bei Suchanfragen zu passenden Suchbegriffen oder Suchphrasen oberhalb und seitlich rechts der eigentlichen Suchergebnisse eingeblendet (als „Anzeigen" gekennzeichnet).
- Über die Google-Suchseite hinaus lassen sich Ihre Anzeigen auch auf einem weltweiten Werbenetzwerk von Google einblenden, z.B. bei T-Online, AOL oder YouTube. Über das sog. Adsense-System kann Ihre Online-Werbeanzeige suchbegriffsrelevant auch auf Tausenden weiteren Blogs, Portalen und Websites erscheinen.
- Die Kosten pro Klick (CPC) und die Platzierung der Anzeigen (von Position 1 bis X) regelt der Markt, sprich: Angebot und Nachfrage. Wer am meisten pro Klick bezahlt, der steht ganz oben.
- Die Kosten pro Klick variieren sehr stark, je nachdem wie speziell man sein(e) Keyword(s) definiert. Beispiel: „Marketing" ist definitiv teurer als „Marketing Beratung Stuttgart" oder wie kompetativ der Markt rund um ein Keyword ist. Da sind „Versicherungen" oder „Reisen" natürlich stärker umkämpft als z.B. „Bohrfutterschlüssel".
- Es lassen sich individuelle Einstellungen vornehmen, wie maximale Kosten pro Klick, Gesamtbudget, Tagesbudget etc.

- Während einer laufenden Kampagne sollte man regelmäßig Überwachung betreiben, ob die gewählten Parameter zum gewünschten Ergebnis führen, und ggf. nachjustieren.

Ein Blogbeitrag auf www.seo-united.de schafft mit Rechenmodellen und vielen Beispielen Transparenz über die möglichen Kosten einer solchen Kampagne.

Google-Adwords-Kampagnen sind für mich kein Ersatz für eine professionelle Suchmaschinenoptimierung, sie sind eine gute temporäre Ergänzung. Wir haben bereits für verschiedene Kunden erfolgreiche Kampagnen mit Google-AdWords durchgeführt – immer vor einem kurzfristigen Hintergrund, d.h. für eine zeitlich befristete Verkaufsförderungsaktion, um eine neue Homepage oder einen neuen Onlineshop schnell zu pushen bzw. schnell einen hohen Traffic zu erzielen. Der Haken an der Geschichte ist leider der, dass man mit viel Geld zwar auch viel Traffic einkaufen kann, aber was ist von diesem Traffic nach Beendigung der Kampagne übrig? Unter Umständen nichts! Wenn es nicht wirklich um kurzfristige Aktionen geht, sollten Sie Ihr Budget in eine qualifizierte Suchmaschinenoptimierung investieren. Die Früchte, die Sie dadurch ernten, sind nachhaltig. Durch eine steigende Position innerhalb der Google-Suchergebnisse steigt auch der Traffic auf Ihrer Homepage, und der bleibt Ihnen.

E-Mail-Marketing

E-Mail-Marketing beginnt schon mit einer recht einfachen Maßnahme, der gestalteten Signatur Ihrer normalen Geschäftskorrespondenz via E-Mail. Idealerweise wechseln Sie hier regelmäßig die Themen, z.B. indem Sie plakative Hinweise auf neue Leistungen, Produkte, spezielle

Angebote oder aktuelle Veranstaltungen einbinden bzw. zu entsprechenden Beiträgen auf Ihrer Homepage verlinken. Schon das ist eine sehr effiziente und völlig kostenlose Maßnahme des Online-Marketings. Weitere Bestandteile sind:

- **Direktmailings per E-Mail** – diese hauptsächlich zu Akquisitionszwecken eingesetzte Maßnahme bedarf der höchsten Vorsicht in Bezug auf die verwendeten Adressen. Hier dürfen Sie definitiv nur noch Empfänger anmailen, die Ihnen vorab explizit ihre Einwilligung dazu erteilt haben. In meinem Blogbeitrag „Nutzung Ihres Adressbestandes – schützen Sie sich vor Abmahnungen und drastischen Geldbußen!" erläutere ich ausführlich, worauf es ankommt.
- **Transaktions-E-Mails** – alle automatisch versendeten Mails, die nach einer Anfrage auf einer Homepage oder einer Bestellung in einem Onlineshop an den Kunden / Interessenten verschickt werden.
- **Newsletter** – im Prinzip eine ganz eigene Rubrik, daher verweise ich hier auf *Kapitel 17 dieses Buchs,* in dem ich mich ausführlich diesem Thema widme.

Wenn alle rechtlichen Vorgaben eingehalten werden, ist E-Mail-Marketing grundsätzlich eine sehr direkte, preiswerte und – trotz sinkender Öffnungsraten – noch immer erfolgreiche Maßnahme. Im Durchschnitt werden 24,4 % der Marketing-E-Mails tatsächlich geöffnet! (Quelle: marconomy)

Bannerwerbung

Werbebanner sind die Übertragung von klassischen Werbemaßnahmen, wie Anzeigenwerbung und Plakatwerbung, auf die elektronischen Medien. Es gibt die unterschiedlichsten Formate, sowohl in Größe und Proportion als auch bezüglich der Dateiformate (statisch als JPG oder PNG sowie animiert als GIF oder Flash). Im Laufe der letzten Jahre haben sich animierte Banner bis hin zu reinen Videobannern zwar als erfolgreicher durchgesetzt (denn sie erzielen eindeutig noch höhere Aufmerksamkeitsraten), allgemein sank jedoch der Erfolg von Bannerwerbung in den Vorjahren. Viele Besucher von Webseiten haben sich so an die Banner gewöhnt, dass sie diese kaum noch wahrnehmen oder die Banner werden als so störend empfunden, dass sie ganz bewusst nicht angeklickt werden.

Darüber hinaus überdrehen verschiedene Seiten- und Portalbetreiber die Schraube, indem sie an jeder nur erdenklichen Stelle rund um ihren Content Banner vermarkten. Im schlimmsten Fall führt dies ganz schnell zu rückläufigen Besucherzahlen, denn die InternetUser sind gegenüber einer solchen Reizüberflutung nur bedingt tolerant.

Entsprechend geht der Werbeerfolg, sprich: die Klickrate (Click-Through-Rate, kurz CTR) merklich zurück. Die CTR berechnet sich wie folgt: Wird ein Banner hundertmal angezeigt und dabei einmal angeklickt, beträgt die Klickrate 1 %. Nach der aktuellsten mir verfügbaren Zahl beträgt der derzeitige Durchschnitt 0,09 %. Dies bedeutet, dass erst 1.111 Einblendungen zu einem Klick führen. Viele vertiefende Informationen liefert hierzu ein Beitrag auf dem SEO-Blog von searchmetrics.

Abweichend von dieser Tendenz entwickelt sich momentan die Werbeeinblendung im Newsfeed von Facebook noch ausgesprochen dynamisch und positiv (CTR 1,285 %), und speziell in der mobilen Version (mit einem CTR, der nochmals um 23 % höher ausfällt als in der Desktop-Version; Quelle jeweils: Global Facebook Advertising Report Q3 2012). Zu diesem Thema habe ich vor Kurzem eine mögliche Ursache gelesen, die in etwa so lautete: „Mobile Advertising – Erfolgsbilanz durch Wurstfinger". In der Tat, da ist was dran, denn ich selbst habe schon oft genug auf meinem Smartphone knapp danebengetippt und schon hatte ich auf eine Werbeanzeige geklickt. Diese Zahlen sollten wir also wirklich mit Vorsicht genießen.

Worauf Sie bei der Schaltung von Bannerwerbung achten sollten:

- Kontext und Umfeld – Ihre Werbebotschaft sollte zum Medium und zum redaktionellen Rahmen passen.
- Die Größe entscheidet – ist Ihr Budget begrenzt, sollten Sie lieber ein größeres Format als eine längere Laufzeit wählen.
- Optimiertes Linkziel – die Seite Ihrer Homepage oder Ihres Shops, auf die das Banner verlinkt, sollte punktgenau auf die Zielgruppe abgestimmt sein.

Online-Video-Marketing

Online-Videos oder auch Bewegtbilder sind die meistgeklickte und erfolgreichste Form von Online-Marketing. Es liegt wohl in der menschlichen Natur, diese Werbeform besonders zu priorisieren, denn hier kann man passiv konsumieren (muss also nicht lesen oder blättern etc.) und zweitens kommt noch eine weitere wichtige Sinneswahrnehmung mit dazu: der Ton.

Aus meiner Sicht lassen sich grundsätzlich zwei verschiedene Formen von Online-Videos differenzieren:

[1] sachliche Videos – produkterklärende Videos (Tutorials) oder kurze Imagefilme

[2] Virals – humorvolle oder spektakuläre Werbespots

In beiden Fällen bietet sich zunächst die Platzierung auf der Homepage an, beim Viral zusätzlich die Verbreitung über YouTube, Facebook etc., also über soziale Medien. Wichtigste Erfolgsgrundlage hierzu ist natürlich ein Höchstmaß an Originalität.

Zu den zahlreichen Vorteilen dieser Werbeform gehört auf jeden Fall, dass Sie erklärungsbedürftige Produkte, neue Dienstleistungen oder Ihr unbekanntes Unternehmen sehr plakativ in Szene setzen können. Die Idee muss stimmen – aber auch die perfekte technische Umsetzung in Ton und Bild. Von „Quick-&-Dirty"-Filmen, womöglich noch mit dem Smartphone gedreht, rate ich dringend ab.

Weitere umfangreiche Informationen bietet Ihnen dieses Buch in *Kapitel 21*.

Linktausch

Eines der wichtigsten Kriterien zur Beurteilung der Relevanz Ihrer Homepage durch Google ist die Anzahl der externen Links und Backlinks, die auf Ihre Inhalte zeigen. Es geht dabei nicht nur um die reine Quantität, es wird auch beurteilt, welche Qualität diese Links haben, d.h. welches „Gewicht" die Seite hat, die auf Sie verweist. Daher sollte es Ihr Bestreben sein, mit möglichst allen Ihren Geschäftspartnern, also Lieferanten, Dienstleistern, Kooperationspartnern und Kunden, ein systematisches Linktausch-Programm aufzulegen. Was heißt das genau? Nun, Sie setzen, z.B. in der Rubrik „Partner“ Ihrer Homepage, einen Link zu einem Ihrer Lieferanten, und der wiederum verlinkt auf Sie in seiner Rubrik „Kunden“. Ganz einfach, und schon haben beide einen Link dazugewonnen.

Suchmaschinenoptimierung

Da ich im *Kapitel 20 dieses Buchs* das Thema ausführlich behandeln werde, will ich mich an dieser Stelle kurz fassen. Die Suchmaschinenoptimierung oder auch Search Engine Optimization (SEO) halte ich persönlich für die wichtigste und nachhaltigste aller Disziplinen. Viele Aspekte gilt es zu beachten, denn allein der sog. Google-Algorithmus, der über die Priorisierung der Suchergebnisse entscheidet, beinhaltet laut Aussagen verschiedenster Experten zwischen 100 und 200 verschiedene Faktoren. Wie auch immer, in unserer Praxis konzentrieren wir uns auf die wichtigsten Faktoren, und das hat sich bislang bestens bewährt – auch bei allen Veränderungen durch Google-Updates:

- URL
- Alter der Domain
- Title-Tag
- Meta-Tag Keywords
- Meta-Tag Description
- Alt-Tag für Bilder
- Anchor Text für Links
- Relevanz des Inhaltes (bezogen auf ein zugehöriges Schlüsselwort)
- Keyword-Dichte
- Qualität der externen Links

- Quantität der externen Links
- interne Querverweise
- saubere Absatzformatierung (h1-Tags usw.)
- XML-Sitemap
- WC3-validierter Quellcode

Fazit – Zauberwort Conversion

Online-Marketing gehört mit allen seinen Ausprägungen heute zu den wichtigsten Instrumenten bei der Kundengewinnung. Hier gelten zunächst die gleichen Regeln aus dem beliebten **AIDA-Modell (A = Attention, I = Interest, D = Desire, A = Action)**, d.h. wir müssen zuerst große Aufmerksamkeit erregen, Interesse wecken, Begehrlichkeit erzeugen, um dann die letztendliche Handlung, sprich: (Kauf-)Entscheidung zu erreichen und den neuen Kunden zu gewinnen. Eine solche Handlung kann eine Bestellung in einem Onlineshop sein, aber auch das Absenden des Webformulars zur Kontaktaufnahme, der Anruf bei einer Infohotline zur Bestellung bzw. Terminvereinbarung oder das Abonnement eines Newsletters. Im Online-Marketing nennt man diese letzte Handlung **Konversion (engl. Conversion).** Als Benchmark für den Erfolg einer Maßnahme wird die sog. Conversion-Rate gemessen, also die Reaktions- oder Bestellquote pro erreichtem Kontakt bzw. pro Besucher einer Website. Eine genaue Definition und das mathematische Berechnungsmodell gibt uns Wikipedia.

19 Kunden gewinnen und binden durch Social Networking

Soziale Netzwerke, in denen das sog. „Social Networking“ betrieben wird, sind nach wie vor der Hype unserer Zeit. Einige stürmen von Rekord zu Rekord bezüglich ihrer Nutzerzahlen, z.B. Facebook mit ca. 28 Mio. Nutzern allein in Deutschland (1,6 Mrd. Nutzer weltweit), andere stürzen kometenhaft ab, z.B. StudiVZ und SchülerVZ, die einstigen Pioniere. Da es mir hier um den Fokus von Unternehmern geht, insbesondere bei der Kundengewinnung, blenden wir die letztgenannten Social Networks, wegen ihrer deutlichen Spezialisierung, ohnehin aus.

Was kann Social Networking für Unternehmen bringen?

Es gibt viele gute Argumente für ein unternehmerisches Engagement in Social Networks:

[1] **Bekanntheitsgrad / Reichweite**: Eine gute soziale Vernetzung, z.B. durch viele Fans, Followers, Abonnenten, Leser oder Besucher und das kontinuierliche Bereitstellen von interessanten Inhalten kann elementar dabei helfen, den eigenen Bekanntheitsgrad wirkungsvoll zu steigern. Der Clou liegt u.a. in der viralen Verbreitung Ihrer Inhalte (Textbeiträge, Angebote, Bilder, Videos, Veranstaltungen ...) durch die Interaktionen Ihrer Netzwerkmitglieder. Gleichgültig ob auf einen Ihrer Beiträge (Posts) Kommentare Ihrer Netzwerkmitglieder folgen oder dieser Post durch sog.

„Teilen“ weiter im Netzwerk verbreitet wird, Sie erreichen dadurch bestenfalls eine exponentielle Zahl von Personen, die Sie normalerweise nicht erreichen würden. Ein Beispiel: Sie haben in einem Sozialen Netzwerk 100 Fans und kündigen ein besonderes Angebot an. Nur 5 % Ihrer Fans finden das interessant und „liken“, „teilen“ oder „kommentieren“ diese Information. Vorausgesetzt, jeder Ihrer Fans hat ebenfalls 100 Fans bzw. Freunde, erfahren so auf einen Schlag 595 Personen von Ihrem Angebot. So erregen Sie Aufmerksamkeit und idealerweise gewinnen Sie so auch permanent weitere „Fans“ und können den Effekt der viralen Verbreitung Ihrer Botschaften kontinuierlich steigern. Der Bekanntheitsgrad, und damit das Vertrauen, ist bekanntlich die erste und wichtigste Hürde bei der Kundengewinnung. Wer Ihr Unternehmen bzw. Ihre Produkte oder Angebote kennt (und sympathisch findet), kann potenziell Ihr Kunde werden. Von daher gibt es eigentlich keinerlei vernünftiges Argument gegen das Social Networking.

[2] **Kundenbindung:** Viele Ihrer Kunden und deren Mitarbeiter und Entscheider bewegen sich in verschiedenen Social Networks. Sie können mit diesen Unternehmen und ihren Akteuren eine intensive Beziehung aufbauen und diese pflegen, ohne permanent persönlich präsent zu sein. Vordringlich geht es bei der Kundenbindung darum, dauerhaft (sympathisch und aktiv) in Erinnerung zu bleiben, und mit aktuellen Angeboten und Informationen laufend neue positive Impulse auszulösen. Im Marketing-Deutsch nennt sich das Cross Selling oder After-Sales-Marketing, wie auch immer – durch Soziales Netzwerken können Sie dauerhaft präsent bleiben.

[3] **Mitarbeitermotivation:** Mit Ihrer aktiven Präsenz in Sozialen Netzwerken beweisen Sie natürlich zum einen nach innen, dass Ihr Unternehmen nicht gerade *„von gestern"* ist, und zum anderen können Sie Ihre Mitarbeiter als *„soziale Multiplikatoren"* gewinnen. Wenn Ihr redaktionelles Konzept berücksichtigt, dass Sie auch etwas über Ihr Unternehmen selbst preisgeben – als einfaches Beispiel: Fotos vom Betriebsausflug – dann sind Ihre Mitarbeiter schon Teil des Contents, also Teil dessen, was Sie für veröffentlichungswürdig halten. Darüber hinaus empfehle ich, möglichst einen, einige oder viele Ihrer Mitarbeiter direkt mit redaktionellen Aufgaben Ihrer sozialen Präsenz(en) zu betrauen. In einer regelmäßigen „Redaktionssitzung" legen Sie gemeinsam mit Ihrem Team fest, wer für welche Themen verantwortlich ist und wann, d.h. in welcher Frequenz, diese unterschiedlichen Beiträge und Themen veröffentlicht werden. Sie werden sehen, das erzeugt bei den Beteiligten durch die neu übertragene Verantwortung eine ungeheure Begeisterung! Natürlich sollten Sie vorher in sich gehen, wem Sie eine solche Aufgabe zutrauen und wem nicht.

[4] **Mitarbeitergewinnung:** Ein weiterer Pluspunkt von Sozialen Netzwerken ist die schnelle Ansprache und Gewinnung von neuen Mitarbeitern. Ganz gleich, ob Sie Ihre Stellenausschreibung aktiv in entsprechenden „Recruiting"- oder Job-Börsen, z.B. bei Xing, einstellen oder ganz einfach in eine Statusmeldung bei Facebook packen, Ihre Chance, die oder den richtige(-n) Mitarbeiter(-in) zu gewinnen, erhöht sich in einem aktiven Sozialen Netzwerk ungemein – bei vergleichsweise geringem bis hin zu keinem Kostenaufwand, verglichen mit Stellenanzeigen in Fachmagazinen, Tageszeitungen oder den Kosten für Headhunter.

Zugegeben, das gilt natürlich nicht für alle Jobprofile gleichermaßen, jedoch für die meisten.

[5] **Feedback / Marketing-Research:** Soziale Netzwerke sind wie Seismographen, sie reagieren äußerst sensibel auf Ihre Aktivitäten. Dies entweder durch hohe Ausschläge (eine große Zahl positiver Reaktionen), durch negative Ausschläge (kritische Kommentare bis hin zur Welle der Empörung, einem sog. „Shitstorm") – oder im schlimmsten Fall – keine Reaktion, also Missachtung. Je mehr „Fans" Sie in einem Netzwerk mit Ihren Inhalten „beglücken" wollen, desto mehr Eigendynamik kann der Ausschlag in die eine oder andere Richtung entwickeln. Wie auch immer, Sie können wertvolle Rückschlüsse aus den Reaktionen in Ihrem Netzwerk ziehen: Ist ein Angebot oder Thema interessant? Verbreitet sich das eine oder das andere Thema besser? Mit welchen Ideen stoße ich auf Ablehnung? Das ist Marktforschung, wie sie direkter nicht sein kann. Verstehen Sie dies als Chance, um Ihre Leistungen und Angebote konsequent zu verbessern oder für unterschiedliche Zielgruppen spezifisch aufzubereiten!

[6] **Traffic auf der Homepage bzw. Relevanz für Suchmaschinen:** Der magische Google-Algorithmus, der über die Ergebnispositionen von relevanten Internetseiten bei Suchanfragen entscheidet, berücksichtigt klar Signale aus Sozialen Netzwerken. Wer bei Facebook, Twitter oder Google+ starke Interaktionen (und dadurch mehr Verlinkungen) auslöst, ist klar im Vorteil gegenüber Wettbewerbern. Einen umfangreichen Einblick in diese Bedeutung von Sozialen Netzwerken liefert das Whitepaper „SEO Ranking Faktoren für Google Deutschland" von Searchmetrics.

Relevante Social Networks für Unternehmen

Um dem Fazit gleich etwas vorwegzunehmen: Es gibt definitiv kein allgemeingültiges Patentrezept für die Auswahl des richtigen Netzwerkes. Je nach Unternehmenszweck und Zielgruppe(n) empfiehlt sich mitunter ein Mix aus verschiedenen Plattformen oder Maßnahmen. Gleichfalls ist bezüglich der Plattformen ein ständiger Trendwandel zu verzeichnen, der sich laufend beschleunigt. Im Zweifel holen Sie sich hierzu objektive Beratung, z.B. durch eine professionelle Beratungsgesellschaft.

Soziale Netzwerke und ihre Ca.-Nutzerzahlen
Deutschland, 2015/2016:

- Whatsapp: 32 Mio.
- Facebook: 26 Mio.
- Xing: 9,5 Mio.
- LinkedIn: 7,5 Mio.
- Youtube: 6 Mio.
- Instagram: 5 Mio.
- Twitter: 4 Mio.
- Pinterest: 3 Mio.
- Snapchat: 3 Mio.
- Google+: 2 Mio.

Quelle u.a. www.construktiv.de

Achtung: Es geistern die unterschiedlichsten Statistiken, bezogen auf Nutzerzahlen, aktive Nutzer oder Besucher von Netzwerken durch die einschlägige Blogszene und das Internet. Meine Liste erhebt bewusst keinerlei wissenschaftlichen Anspruch auf Vollständigkeit, sondern stellt mehr eine subjektive Rangreihung dar. Nicht berücksichtigt sind hier Netzwerke wie Wer-kennt-wen, Stayfriends,

Lokalisten, MySpace, Instagram, tumblr, snapchat und viele andere, die aus meiner Sicht hauptsächlich den privaten Austausch in den Vordergrund stellen.

Welche Voraussetzungen müssen Unternehmer erfüllen?

Gerade bei mittelständischen Unternehmen oder sog. KMU sollte soziales Netzwerken zur „Chefsache" deklariert werden. Chefsache von daher, dass der Inhaber oder die Geschäftsleitung voll hinter dem Engagement steht und es unterstützen muss. Ein halbherziges „Mein Azubi (oder mein Sohn) ist bei Facebook, der soll sich nebenher darum kümmern!" führt in der Regel zu nichts, meist sogar direkt zur Blamage. Ebenso reicht es nicht aus, irgendwo ein Profil einzurichten und dann mal abzuwarten. Viel mehr sind hier Strategie und Nachhaltigkeit gefragt.

- Welches Netzwerk passt zu unserem Unternehmen und zu unserer Zielgruppe?
- Welche Netzwerke können wir sinnvoll kombinieren?
- Welches Budget investieren wir?
- Haben wir ein interessantes und abwechslungsreiches Redaktionskonzept?
- Was sind unsere Zielsetzungen?
- Welche Meilensteine definieren wir?
- Wie überwachen wir unseren Kurs?
- Wer kümmert sich wann um was?

Wenn Sie für alle diese Fragen eine passende Antwort erarbeitet haben, dann haben Sie die Weichen für den Erfolg bei der Kundengewinnung und Kundenbindung in Sozialen Netzwerken gestellt.

Fazit

Social Networks können richtig Spaß machen und Erfolge bringen. Für marktkommunizierende Unternehmer sind sie aber auch Knochenarbeit, denn es gilt, beständig am Ruder zu bleiben, auf feinste Nuancen von Stimmungen zu reagieren und dennoch beharrlich seiner Strategie zu folgen. Anders als die Homepage, die einseitig kommuniziert, also nur sendet, sind Social Networks Dialogplattformen in Echtzeit. Will heißen: Man muss auch nahezu jederzeit bereit sein, in den Dialog zu treten. Dies zum einen „passiv", d.h. auf Kommentare oder Interaktionen zu Ihren Beiträgen hin, aber ruhig auch „aktiv", indem Sie sich an den fachlichen Beiträgen, Foren, Dialogen ... anderer Netzwerkpartner beteiligen. Planen Sie also auf jeden Fall ein entsprechendes Budget bzw. entsprechende Zeitkapazitäten ein: Ob Sie selbst aktiv werden, ein Mitarbeiter oder ein ganzes Team – Social Networks sind auch Zeitfresser. Im Zweifel sollten Sie es ruhig einfach mal ausprobieren, auf jeden Fall klare Ziele setzen, Erfolge messen und, sollten die gewünschten Erfolge nicht eintreten, Ihr Engagement erhöhen oder im Falle dies nicht möglich ist, schnell wieder beenden.

20 Kunden gewinnen durch Suchmaschinenoptimierung (SEO)

Die Suchmaschinenoptimierung oder auch Search Engine Optimization (SEO) halte ich persönlich für die wichtigste und nachhaltigste Möglichkeit, um online beständig neue Kunden zu gewinnen. Viele andere Möglichkeiten des Online-Marketings habe ich bereits *in Kapitel 17 dieses Buchs* ausführlich behandelt. Was aber kann die Suchmaschinenoptimierung genau für Ihre Kundengewinnung leisten? Ganz einfach: Suchmaschinen sind die Wegweiser des digitalen Zeitalters, sie führen die Nachfrage direkt zum Angebot. Wer auch immer etwas im Internet sucht – ganz gleich ob ein bestimmtes Produkt, eine Dienstleistung, einen Ort, ein besonderes Angebot usw., Geschäfts- oder Privatkunde – benutzt die Suchmaschine als „Auskunft“ oder stets aktuelles „Nachschlagewerk“. Wenn diese „Auskunft“ Ihr Angebot nicht kennt oder nicht für relevant genug erachtet, dann erscheinen Sie nicht unter den viel beachteten Ergebnissen auf Seite 1 und somit schickt Ihnen die Suchmaschine auch keine Besucher. Das Resultat: Ihre Homepage, Ihr Shop oder Ihr Blog hat keinen oder kaum Traffic (Besucher) und daraus ergeben sich natürlich auch kaum Anfragen, Bestellungen oder Interaktionen in Form von Kommentaren oder Verknüpfungen zu Sozialen Medien.

Suchmaschinen und ihre Bedeutung

Bevor wir uns im Detail mit der Funktionsweise von Suchmaschinen und der Suchmaschinenoptimierung beschäftigen, lohnt sich ein Blick auf die aktuellen Marktanteile:

- Google (94,52 %)
- Bing (4,16 %)
- Yahoo (0,98 %)
- T-Online (0,12 %)

Quelle: statista, Marktanteile von Suchmaschinen in Deutschland im Juni 2016

Das ist eindeutig. Es macht also nur für echt ausgefuchste Profis (mit ganz viel Tagesfreizeit) Sinn, sich mit Bing, T-Online & Co. in der Tiefe zu beschäftigen, zumindest in Deutschland. Wir konzentrieren uns hier also ganz klar auf Google.

Wie tickt Google?

Die jeweils aktuelle Funktionsweise von Google ist – wie das Internet insgesamt – einem rasanten Wandel unterzogen. Zuletzt wurde im Mai 2013 das Google-Update „Penguin 2.0" eingeführt, welches anscheinend besser als alle seine Vorgänger-Versionen Spam- und/oder „überoptimierte" Seiten von wirklich relevantem Content unterscheiden kann. Kern dieser Funktionalität ist der sog. „Google-Algorithmus", also die mathematische Berechnungsmethode, die über die Priorisierung der Suchergebnisse entscheidet. Dieser Algorithmus beinhaltet laut Aussagen verschiedenster Experten zwischen 100 und 200 verschiedene Faktoren. In unserer Praxis konzentrieren wir uns auf die wichtigsten Faktoren, und das hat sich bislang bestens bewährt – auch bei allen Veränderungen durch Google-Updates:

- URL / Domain
- Alter der Domain
- Title-Tag
- Meta-Tag Keywords
- Meta-Tag Description
- Alt-Tag für Bilder
- Anchor-Text für Links
- Relevanz des Inhalts (bezogen auf ein zugehöriges Schlüsselwort)
- Keyword-Dichte
- Qualität der externen Links
- Quantität der externen Links
- interne Querverweise
- saubere Absatzformatierung (h1-Tags usw.)
- XML-Sitemap
- WC3-validierter Quellcode
- kontinuierliche Aktualisierung der Inhalte

In der soliden Bearbeitung dieser Faktoren ist der Erfolg begründet. Wer alle diese Punkte optimal erfüllt oder abarbeitet, der liegt in der Regel bei den Google-Suchergebnissen ganz vorn. Darüber hinaus gewinnen Faktoren wie die Links aus und die Interaktionen mit Sozialen Medien immer weiter an Bedeutung. Wir raten unseren Kunden daher, schon aufgrund dieser SEO-Kriterien, zu verstärktem Engagement in Sozialen Netzwerken. Weitere Vorteile für die Kundengewinnung durch Social Networking habe ich ja bereits ausführlich in *Kapitel 18 dieses Buchs* beschrieben.

Wie kommen die Informationen zu Google?

Wie alle anderen Suchmaschinen auch, schickt Google sog. Web-crawler aus. Das sind Programme, die das Internet systematisch nach Inhalten, wie Texte, Bilder, Filme, Dokumente ... durchsuchen und die aufgefundenen Informationen in der Google-Datenbank ablegen. Der Webcrawler von Google heißt Googlebot, und wenn Sie eine professionelle Logfileanalyse durchführen, dann können Sie sehen, wie oft der Googlebot Ihre Seiten besucht. Sie werden sehen: sehr oft! Daher lohnt es sich auch, regelmäßig neue Inhalte einzustellen. Wenn sich auf Ihrer Seite länger nichts tut, werden Sie von Google bestraft, d.h. Sie fallen in den Suchergebnissen wieder ab.

Richtige Suchbegriffe und Suchphrasen definieren

Bei Google ist es genau wie im richtigen (Marketing-)Leben: Sie stehen im Wettbewerb zu anderen Anbietern (in diesem Fall mit deren Internetseiten) mit vergleichbaren Angeboten. Das ist im lokalen Markt vielleicht kein Problem, weil der direkte Wettbewerber auf der anderen Seite der Stadt sitzt, bei Google ist er aber Ihr direkter Nachbar. Er und noch viele andere. Jetzt gilt es zunächst zu analysieren, wie viele Wettbewerber das für Sie relevante Keyword (Suchbegriff) bereits besetzen und wie gut diese ihre Seiten für Google optimiert haben.

Zwei Beispiele, um Ihnen die Ausgangslage transparent zu machen:

[1] Sie stellen rosa Plüschhasen her. Super, denn die Google-Suche nach „rosa Plüschhasen“ ergibt nur 10.400 Ergebnisse*.

[2] Sie stellen ganz allgemein Stofftiere her. Jetzt wird's schon schwieriger, denn für „Stofftiere" ermittelt Google nicht weniger als 3.560.000 Ergebnisse*.
*Stand 18.10.16 (variiert täglich)

Im Spannungsverhältnis dieser Dimensionen können Sie sich vorstellen, dass eine Suchmaschinenoptimierung für „rosa Plüschhasen" sehr viel schneller und einfacher zu bewerkstelligen ist, d.h. hier können Sie sich recht schnell unter den begehrten Top-10-Ergebnissen wiederfinden. In Beispiel [2] ist das schon deutlich aufwändiger – aber nicht unmöglich. Grundsätzlich rate ich Ihnen, dass Sie herausarbeiten, inwiefern sich Ihr Angebot (an Stofftieren) von dem der Mitbewerber unterscheidet. Verwenden Sie z.B. ausschließlich Baumwolle aus biologischem Anbau, dann sollten Sie sich auf die Suchphrase „Bio Stofftiere" fokussieren. Das sind dann nur noch 1.460 Suchergebnisse. Ist Ihr Vertriebsgebiet darüber hinaus regional oder lokal beschränkt, dann bietet sich z.B. eine Optimierung auf die Suchphrase „Bio Stofftiere München" an, Google zeigt dazu nur noch vier Suchergebnisse.

Dieses Beispiel soll zeigen, dass es zuerst darauf ankommt, wie Sie Ihr Angebot bzw. Ihre Leistungen präzise benennen und dadurch von ähnlichen Angeboten klar abgrenzen.

Differenzierte Suchmaschinenoptimierung durch Landing-Pages und Microsites

In den seltensten Fällen werden Sie sich ausschließlich mit einem klar definierten Begriff beschäftigen und nun unter diesem gefunden werden wollen. Die Praxis sieht anders aus. Tatsächlich bieten Sie eine Vielzahl unterschiedlicher

Produkte und Leistungen – ich nenne das auch gerne „Bauchladen“, und das ist nicht despektierlich gemeint, sondern lediglich als Synonym für ein heterogenes Angebot auf engster Fläche. Ich kreiere hier mal ein groteskes Beispiel mit einem wilden Schaufenster eines fiktiven Einzelhandelsgeschäftes: Zu sehen sind rosa Plüschhasen, Fahrräder, Blumenvasen, Frischwurstaufschnitt als Angebot der Woche und Skistiefel. Selbst der aufgeschlossenste Kunde wird – mit ganz vielen Fragezeichen im Kopf – vor einem solchen Schaufenster stehen und nicht wissen, wie er diesen Laden einzuordnen hat. Genau so geht es Google mit Internetseiten, Shops und Blogs, die ihre einzelnen Angebotsbereiche nicht gut strukturiert haben und sowohl für die Suchmaschine als auch für den Besucher klar genug kommunizieren. Das Resultat: Eine Homepage, bei der es **schwerpunktmäßig** um rosa Plüschhasen geht, ist für Google immer relevanter als eine Homepage, bei der es **auch** um rosa Plüschhasen geht.

Die Lösung dieses Problems heißt: differenzierte Suchmaschinenoptimierung! Innerhalb Ihrer Homepage optimieren Sie die Unterseiten zu den einzelnen Produkten oder Leistungsbausteinen so, dass sie für Google eine entsprechende Relevanz erreichen – auch und gerade im Wettbewerb zu Seiten, die sich ausschließlich mit diesen Themen beschäftigen. Sie definieren dadurch so genannte „Landing-Pages“ für die optimierte Platzierung innerhalb der Google-Suchergebnisse. In manchen Fällen, z.B. in einem hochkompetativen Umfeld, kann es auch lohnen, Teile Ihres Online-Angebotes auszulagern und und damit eigene kleine „Microsite“ oder „Satelliten-Homepage“ aufzubauen, die nur für ein spezielles Keyword optimiert ist und auch nur Inhalte zu diesem Thema kommuniziert. Eine ausführliche Beschreibung hierzu habe ich in *Kapitel 15 dieses Buchs* bereits geliefert.

Last but not least: Links, Links, Links!

Alle vorgenannten Maßnahmen geschehen „onSite/on-Page“, d.h. direkt auf Ihrer Homepage. Darüber hinaus können Sie für ein verbessertes Ranking Ihrer Internetseiten noch etwas ganz Wichtiges tun: Sorgen Sie für möglichst viele (vor allem qualifizierte) Links, die auf Ihre Seite verweisen, sog. Backlinks. Dies können Sie einerseits über ein systematisches Linktauschprogramm mit Ihren Kunden, Lieferanten, Dienstleistern und Netzwerkpartnern erreichen, zum anderen indem Sie Ihre Seite bei möglichst vielen qualifizierten Webverzeichnissen, Suchdiensten, Branchenportalen etc. eintragen (lassen). Weiterführende Informationen finden Sie auch in Martin Marotz‘ Beitrag „Von guten und schlechten Links“ auf unserem Blog www.unternehmer-impulse.de. In unserem Unternehmen modus_vm beschäftigen wir uns seit Jahren mit diesen Fragen und wir bieten ebenso erfolgreich diese Dienstleistung an. Heute verfügen wir über ein Verzeichnis von nahezu 200 relevanten Portalen, die eine kostenlose Eintragung ermöglichen. Die dadurch zusätzlich gewonnenen externen Links verhelfen jeder SEO-Maßnahme zu weiterer Wirksamkeit.

Fazit

Suchmaschinenmarketing / Search Engine Optimization (SEO) ist im Marketing bzw. bei der Kundengewinnung ein absolutes „Must have“. Wer für viel Geld seine Homepage, seinen Webshop oder seinen Blog aufsetzt und dann die weitere Investition für eine professionelle Suchmaschinenoptimierung scheut, der hat zwar grundsätzlich ein großes Potenzial geschaffen, wird es aber niemals optimal abrufen können. SEO ist definitiv preiswert und nachhaltig, denn im Vergleich zu Onlinemarketing-Maßnahmen wie Google-Adwords, die Ihnen schnell viele Besucher zuführen – solange Ihre Kampagne läuft –, bleibt Ihnen der hohe Traffic durch eine Top-Platzierung in der Regel längerfristig erhalten. Wichtig ist, dass Sie sich einen seriösen und erfahrenen Dienstleister für diese Aufgabe suchen: Lassen Sie sich auf jeden Fall die jeweiligen Referenzen zeigen!

21 Kunden gewinnen und binden durch virales Marketing

Eine noch recht junge Disziplin im Marketing-Mix zur Kundengewinnung und -bindung ist das virale Marketing. Es beinhaltet verschiedene Methoden, um die Werbebotschaft „lawinenartig“, d.h. im Schneeballsystem zu publizieren. Die Funktionsweise basiert quasi auf der klassischen „Mund-zu-Mund-Propaganda“, die heute – da digital über das Internet verbreitet – ein noch wesentlich bedeutenderes Potenzial entwickelt hat. Die eigens für das Internet vorbereiteten Medien, z.B. Videoclips, werden kurz „Virals“ bezeichnet. Wegbereiter des Siegeszuges von Virals sind vor allem soziale Netzwerke, in denen sich originelle Werbebotschaften blitzartig verbreiten (lassen).

Entgegen der landläufigen Meinung, dass virales Marketing vor allem durch seine niedrigen Kosten für Werbetreibende attraktiv ist, steht die Erfahrung, dass sich tatsächlich nur professionell gemachte Inhalte lawinenartig verbreiten. Sicherlich konnte man noch vor zwei oder drei Jahren auch mit einem semiprofessionellen Video bei Y-ouTube große Erfolge landen, wenn die Story und der Gag passten. Doch heute sind die Multiplikatoren, d.h. die Nutzer sozialer Medien deutlich anspruchsvoller. Es ist aus meiner Sicht ein klarer Trend zu erkennen: Die Produktionen von Virals sind heute mindestens genauso aufwändig wie die von ganz normalen TV-Spots. Was dann, wenn ein Viral richtig einschlägt, immer noch Gültigkeit hat, ist die Tatsache, dass er sich quasi zum Nulltarif verbreitet. So können Sie als Unternehmen sehr preiswert abertausende von Kontakten generieren, Ihren Bekanntheitsgrad erhöhen, den Sympathiewert steigern und Kunden gewinnen. Gleichzeitig bestätigen Sie Ihre Bestandskunden in der positiven Einstellung zu Ihrem Unternehmen.

Passives oder aktives virales Marketing?

Passives virales Marketing wird dann praktiziert, wenn sich die Werbebotschaft eines Unternehmens allein dadurch verbreitet, dass ein gewisses Produkt genutzt wird. Ein verbreitetes Anwendungsgebiet sind die E-Mails von kostenfreien E-Mail-Diensten wie Web.de oder GMX, deren Nutzer mit jeder versandten E-Mail in der Signatur eine Werbebotschaft mitverschicken. Ebenso wirbt jedes verschickte PDF-Dokument – direkt oder indirekt – allein durch das dargestellte Icon für die Marke Adobe® Acrobat®.

Beim aktiven viralen Marketing ist der Verbraucher bzw. User direkt beteiligt, er verbreitet die Werbebotschaft wissentlich und aktiv. Beispiele hierfür sind das sog. Teilen von Bildern oder Videos in sozialen Netzwerken oder das Bewerten und Weiterempfehlen von Produkten in Online-Shops.

Formen des viralen Marketings

- originelle Postkarten
- Sticker im öffentlichen Raum
- E-Mails
- SMS-/MMS-Nachrichten
- Beiträge in Foren und Blogs

- Kampagnen-Homepages / Microsites
- Ambient-Marketing-Aktionen
- Videoclips
- Mischformen aus diesen Medien

Beispiele

Beispiel 1
Heinecken „Departure Roulette"
→ https://youtu.be/cg0oBV32ZDk

Die stets für originelle Kampagnen bekannte Brauerei hat sich zur Untermauerung ihres Claims „open your world" eine irrwitzige Ambient-Aktion am JFK-Airport ausgedacht. Flugreisenden (mit gebuchtem Flug) wurde an einem Gewinnspiel-Display angeboten, auf einen Buzzer zu drücken und somit einen Flug an eine ganz andere, zufällig generierte Destination anzutreten. Und dies quasi sofort. Da kommt Spannung auf und ist witzig zu beobachten.

Der professionell und richtig gut gemachte Spot zu dieser Aktion erreichte sensationelle Kontaktzahlen (Impressions). Veröffentlicht wurde er bei YouTube am 18.07.2013; am 18.08.2014 erreichte dieses Video bereits über 3 Mio. Impressions und 7.948 Likes.

Dieser Original-Post ist heute (18.10.16) leider nicht mehr verfügbar.

Beispiel 2
TNT „A Dramatic Surprise On A Quiet Square"
→ http://youtu.be/316AzLYfAzw

Der belgische TV-Sender TNT wirbt mit dem Slogan „We know drama". Dies hat er 2012 in einem, unterdessen fortgesetzten, völlig überraschenden Ambient-Action-Drama durchaus spektakulär bewiesen. Die Story ist eigentlich recht einfach: ein ruhiger Dorfplatz in einer kleinen belgischen Stadt. Zentral montiert ein roter Buzzer mit einem Hinweisschild „Push to add drama". Mindestens 20 Kameras aus sämtlichen Perspektiven. Und dann Passanten, deren Neugier groß genug ist, den Knopf zu drücken ...

Dieser extrem aufwändige Spot war auch extrem erfolgreich. Seit seiner Veröffentlichung bei YouTube am 11.04.2012 wurde er bis heute (Mitte Oktober 2016) sage und schreibe 54.562.137-mal aufgerufen und erhielt 404.065 Likes. Das nenne ich Erfolg, wenngleich hier ein immenser Streuverlust inkludiert ist. Von diesen über 54 Mio. Betrachtern dieses Virals können sicherlich nur die allerwenigsten diesen belgischen Sender empfangen.

Beispiel 3
MEZ-TECHNIK „Schwäbisch für Inder 1"
→ http://youtu.be/yj5_pSwJ0Ao

Der findige Reutlinger Anbieter von Lüftungstechnik geht einen ganz anderen Weg. In einer sehr erfolgreichen Serie ließ die MEZ-TECHNIK GmbH äußerst melodramatische Szenen aus hierzulande völlig unbekannten indischen Bollywood-Streifen (oder aus chinesischen Filmen) mit witzigen schwäbischen Dialogen rund um die Klimatechnik neu vertonen. Die besondere Pionierleistung dieses schwäbischen Mittelständlers besteht für mich darin, dass diese Serie bereits vor neun Jahren entstanden ist und somit für viele weitere Ideen des viralen Marketings Pate stand.

Seitenaufrufe bei YouTube bislang: über 2,2 Mio. / 4.111 Likes.

Fazit

Virales Marketing kann ein absoluter Katalysator für Ihre Kundengewinnung sein. Durch die Möglichkeit, ohne Kosten der Streuung gleichzeitig sehr hohe Reichweiten zu erzielen, ist diese Form der Kommunikation für viele Unternehmen sehr interessant. Worauf es aber unbedingt ankommt, ist: Originalität, Überraschung und Humor. Halbherzige oder langweilige Konzepte, mit schmalem Budget billig umgesetzt, führen eher zum umgekehrten Effekt, es kann auch ein Imageschaden entstehen. Es gilt also, bei der Story, bei der Besetzung und bei der technischen Realisation auf absolute Profis zu setzen, und das hat seinen Preis. Wenn Sie bereit sind, hier gutes Geld zu investieren, und den Mut besitzen, etwas Spektakuläres zu produzieren, dann können Sie richtig erfolgreich sein – bei Kundengewinnung und Kundenbindung gleichermaßen.

22 Kunden gewinnen durch Webcasts und Webinare

Der erste Schritt zur Kundengewinnung ist immer Bekanntheit und Verständnis. Also: kennt man Ihr Unternehmen und versteht man Ihre Leistungen bzw. Produkte in der Zielgruppe? Wenn dies nicht im ausreichenden Maße der Fall sein sollte, bietet es sich natürlich an, über interessante Veranstaltungen auf sich aufmerksam zu machen und seine Unternehmung nebst Leistungen oder Produkten vorzustellen. Wie dies im lokalen Umfeld funktionieren kann, habe ich bereits zu Beginn des Buches beschrieben. Hier geht es nun um Formate, die ganz gezielt einen größeren Personenkreis und einen größeren Aktionsradius erreichen können – um Fachveranstaltungen, die online stattfinden können.

Definition Webcast

Ein Webcast ist im Prinzip eine Sendung, also eine Audio- oder Video-Übertragung, die per Streamingverfahren über das Internet empfangen werden kann. Die Darstellung der Übertragung erfordert vom Betrachter keinerlei besondere Hard- oder Software, ein ans Internet angebundener PC und ein Internet-Browser genügen. Zur Abgrenzung: Ein sog. Podcast ist eine Audiodatei, die über das Internet heruntergeladen oder per E-Mail verschickt und lokal abgespielt werden kann. Wird ein Webcast live durchgeführt, hat – je nach Konzept und technischer

Ausstattung – der Zuhörer oder Zuschauer auch die direkte Möglichkeit zur Interaktion per Chat, per Splitscreen im Bild oder per Mikrofon über die Tonspur. Die Inhalte sind idealerweise informativ und unterhaltend zugleich, sodass Sie im Laufe Ihrer Webcast-Serie (eine einmalige Veranstaltung macht hier ebenso wenig Sinn wie bei Präsenz-Veranstaltungen) immer mehr Abonnenten bzw. Teilnehmer dazugewinnen. So bauen Sie sukzessive Ihre „Fangemeinde" auf und beginnen zu verkaufen, denn Bekanntheit und Verständnis steigen.

Beispiele

- Unser Kunde dataglobal und sein Produkt-Portfolio wird in einem Microsoft-Webcast vorgestellt
- Eine Diskussionsrunde von Steuerexperten zum Thema „E-Bilanz" als Webcast
- Ein Interview über das Boutique-Hotel Stadthalle, Wien, als Webcast

Definition Webinar

Technisch unterscheiden sich interaktive Webcasts und Webinare nicht. Die Differenzierung ist im Prinzip inhaltlicher Natur, denn im Webinar steckt der Wortbestandteil „Seminar", es ist also ein Web-Seminar. Sprich: Hier geht es also mehr um Wissensvermittlung, Kurse oder Workshops, mit denen Sie z.B. Ihre Kunden in der Anwendung Ihrer Produkte schulen können. Webinare können darüber hinaus auch für Pressekonferenzen oder Produktneuvorstellungen genutzt werden, bei denen Sie ein direktes Feedback Ihrer Kunden einholen können. Die sich an beliebigen Orten befindlichen Teilnehmer müssen sich vorab zu Ihrem Webinar anmelden und sich dann zum festgelegten Zeitpunkt Ihrer Online-Veranstaltung einloggen.

Während ein Webcast interaktive Momente enthalten kann, charakterisiert sich das Webinar dadurch, dass es zwingend interaktive Funktionen mit den Teilnehmern enthalten muss.

Beispiele

- Michael Frede: „Tipps und Tricks zur Pentax K-30 Einsteiger Webinar“
- Webinar für Lehrende: „Modulares Konzept zur Bekämpfung von funktionalem Analphabetismus“
- Webinar für angehende Bilanzbuchhalter „Bilanz nach Handelsrecht“

Vorbereitung und technische Voraussetzungen

Welchen Inhalt auch immer Sie über ein solches Online-Format transportieren wollen, lassen Sie sich zuerst eine gute Story oder Rahmenhandlung und die passende Präsentationsform einfallen, die Ihre Zielgruppe wirklich interessiert, d.h. die einen Mehrwert bildet. Dann zerlegen Sie Ihre Informationen in kleine konsumierbare Häppchen (Dauer idealerweise bis max. eine Stunde) und machen daraus eine Serie mit herausgepickten Themenschwerpunkten. Auch das Timing ist wichtig: Sicherlich werden Sie wenig Begeisterung auslösen, wenn Sie Ihre Webcasts oder Webinare montags um 8.00 Uhr festsetzen. Wann genau der beste Zeitpunkt für Ihre Zielgruppe ist, finden Sie am besten durch eine vorherige Befragung einzelner Kandidaten heraus.

Zur technischen Ausstattung für Sie als „Sender“: Sicherlich genügen zunächst ein Headset oder Mikrofon und eine einfache Webcam – je nachdem, wie Ihr Anspruch, Ihre Präsentationsform und Ihr Budget beschaffen sind, können Sie natürlich auch bis hin zum professionellen „Fernsehstudio“ aufrüsten. Für das moderierte Abspielen einer Powerpoint-Präsentation reicht aber die einfache Ausstattung.

Die Plattform: Es gibt unterschiedliche Anbieter, die Ihnen auch ganz unterschiedliche Leistungsmerkmale (und Kosten) für Ihre Webcasts oder Webinare offerieren. Wichtig ist, dass Sie einen professionellen Anbieter wählen, dessen Dienste auch zuverlässig funktionieren, der Ihnen eine Registrierung der Teilnehmer und ein Reporting über die Teilnehmer anbietet. Dadurch können Sie wichtige Informationen und Kontaktdaten für Ihre weiteren Vertriebsaktivitäten gewinnen.

Liste möglicher Anbieter und Lösungen

[1] Adobe Connect
[2] edudip
[3] cisco webex
[4] citrix / GoToMeeting
[5] cliqmeet
[6] companystream
[7] spreed
[8] vitero

Diese Liste erhebt natürlich keinen Anspruch auf Vollständigkeit.

Fazit

Für die Kundengewinnung im Internet – und in diesem Fall die gezielte Vorinformation von Interessenten – sind Webcasts und Webinare eine hochinteressante und zeitgemäße Möglichkeit. Gerade in unserer heutigen Zeit, wo die Kalender der Entscheider auf Ihrer Kundenseite vor Terminen nur so strotzen, gilt es schlanke, zeitsparende und bequeme Formate zu nutzen, die vom Büro – oder von zu Hause aus – selektiv und schnell zu konsumieren sind. Im Webcast und Webinar können Sie plötzlich mit Teilnehmern bzw. Interessenten kommunizieren und interagieren, die sich an allen beliebigen Orten auf unserem Planeten befinden – ohne dass eine lange Anreise notwendig ist. Einer der weiteren wichtigen Vorteile ist, dass Sie alle diese „Veranstaltungen“ in der Regel auch speichern und diese Inhalte somit dauerhaft, z.B. auf Ihrer Homepage oder auf YouTube, bereitstellen können. Die Wirkdauer und Reichweite ist also enorm – verglichen mit einer einzelnen Veranstaltung bei Ihnen vor Ort. Mit dem richtigen Anbieter oder der richtigen Plattform erhalten Sie darüber hinaus wertvolle Statistiken und Daten über Ihre registrierten „Zuschauer“, die Sie direkt für Ihren Vertrieb nutzen können. Also, scheuen Sie sich nicht vor diesem Medium, es lohnt sich!

23 Kunden gewinnen und binden durch einen Weblog

Wie kann ein neuer Kunde auf Sie aufmerksam werden, Sie für kompetent halten und Ihnen einen Auftrag anvertrauen bzw. bei Ihnen kaufen? Zunächst einmal schlicht dadurch, indem er überhaupt weiß, dass es Sie gibt und was Sie genau anbieten. Wenn er in diesem Zusammenhang auch gleich erfährt, dass Sie ein echter Fachmann bzw. eine echte Fachfrau sind und viel Interessantes über Ihr Themengebiet zu berichten wissen, dann steigt Ihr Ansehen und das Vertrauen in Ihr Unternehmen, Ihre Leistungen. Mit einem gut konzipierten und gut geführten Blog können Sie das unterstützen und Ihre Online-Kundengewinnungsstrategie wirkungsvoll ergänzen.

Was genau ist ein Weblog? – Definition

Ob das Blog oder der Blog (über den Artikel streiten sich die Experten noch immer) oder auch Weblog, es handelt sich dabei um eine Art im Internet geführtes und öffentlich zugängliches Tagebuch.

Der Terminus – eine Mischung aus dem Englischen „Web" und „Log" für Logbuch – definiert ein auf einer Website geführtes und damit meist öffentlich einsehbares Tagebuch. Der Autor oder Herausgeber dieses Weblogs ist der Web-Logger, auch kurz „Blogger" genannt. Die einzelnen Einträge und Beiträge in dieser meist chronologischen Reihe von Texten nennt man „Post". Als Blogger posten Sie also Posts in Ihrem Weblog – alles klar?

Bloggen als Unternehmer

Viele Blogger stellen private Erfahrungen in den Mittelpunkt ihrer Beiträge, z.B. über Reisen, Mode, Technik, den Bau eines Hauses, Hobbys etc. Zielsetzung dabei ist es, die eigenen Freunde und Fans (Abonnenten oder Leser) „auf dem Laufenden“ zu halten, über die eigene Einstellung zu informieren und last but not least: wertvolle Empfehlungen und Tipps auszusprechen. All das können Sie als Unternehmer ebenfalls hervorragend praktizieren. Besetzen Sie ein Thema oder ein Themengebiet aus Ihrem professionellen Erlebnishorizont / Ihrer täglichen Praxis und posten Sie regelmäßig (ganz wichtig) abwechslungsreiche Beiträge. Regelmäßig bedeutet aus meiner Erfahrung: mindestens einmal pro Woche. Abwechslungsreich wiederum bedeutet, dass Sie als Fachmann umfassend verschiedenste Aspekte Ihres Themas abdecken sollten. Beispiel: Wenn Sie als Sanitär-Profi jede Woche über verstopfte Abflüsse schreiben, wird das wohl kaum eine Erfolgsgeschichte. Gemischt mit Tipps bei tropfenden Armaturen, Tipps zum Wasser- und Energiesparen, Produktneuheiten aus der Sanitärbranche, Anregungen für neue Traumbäder oder Informationen über regenerative Energien – schon eher.

Je besser Sie sind, d.h. je attraktiver Ihr redaktioneller Rahmen ist, desto mehr Leser werden Sie mit der Zeit gewinnen. Idealerweise machen Sie sich zur kompetenten Anlaufstelle, sozusagen zur Informationsquelle aus erster Hand. Dann haben Sie einen echten Turbo für Ihre Kundengewinnung geschaffen!

Den Weblog bekannt machen

Leider werden die wenigsten Blogs von ganz alleine zum Selbstläufer. Um eine zufriedenstellende Besucherfrequenz zu erzielen, bedarf es etwas Promotion. Ich rate daher jedem ambitioniert bloggenden Unternehmer, auch wirklich keine Gelegenheit auszulassen, um auf seinen Blog und die jeweils neuesten Posts hinzuweisen.

Mögliche Kontaktimpulse können sein:

- Fußzeile des Briefbogens
- Visitenkarte
- E-Mail-Signatur
- Fahrzeugbeschriftung
- Links / Newsbeiträge auf der eigenen Homepage
- Posts in sozialen Medien wie Facebook, Twitter, LinkedIn, Xing etc.
- Anmeldung des Weblogs bei relevanten Verzeichnissen / Suchmaschinen
- persönliche Ansprache von potenziellen Lesern, wie Kunden und Interessenten
- Suchmaschinenoptimierung / SEO / Meta-Tags zu Ihren Posts eintragen und auf Schlüsselbegriffe optimieren
- Linktausch mit anderen Blogs
- Kommentare in Foren
- Gastbeiträge in anderen Weblogs
- PR-Arbeit
- ...

Beispiele unterschiedlichster Branchen

- Buchhandel: Schiller-Buchhandlung
- Elektronik: Conrad
- Friseur: Friseur Höschele
- Handwerk: BefestigungsFuchs
- Lebensmittelindustrie: Ritter Sport
- Partyservice: Restaurant und Partyservice Freese
- Rechtsanwalt: Schwenke Rechtsanwaltskanzlei
- Unternehmensberatung: modus_vm
- Verlag: Zimpel
- Weinhandel: domoVino

Fazit

Mit einem guten Konzept lohnt sich ein Weblog für nahezu jedes Unternehmen, denn das dokumentiert die intensive Fachkompetenz und die Leidenschaft fürs eigene Genre. Vorausgesetzt, Sie können gewährleisten, regelmäßig gute Beiträge zu verfassen, verbreiten sich Ihre Beiträge und Ihr Name schon bald viral, d.h. durch das Teilen Ihrer Posts in sozialen Netzwerken machen sich Ihre Inhalte quasi selbstständig. Die Werbewirkung für Ihr Unternehmen kann also enorm sein.

Ein weiterer wichtiger Punkt ist der, dass Sie Ihr Weblog – aufgrund seiner idealerweise hohen Dichte an Schlüsselbegriffen und Inhalten zu Ihrem Fachgebiet – bei Google & Co. sehr gut auffindbar macht. Durch einen gut indizierten Blog leiten Sie auch qualifizierten Traffic auf Ihre Homepage oder Ihre Profile in Sozialen Netzwerken.

Last but not least: Von der Kundengewinnung mal ganz abgesehen sind Ihre Aktivitäten als Autor eines Weblogs auch für die Kundenbindung förderlich; schließlich erinnern Sie auch Ihre Stamm- und Bestandskunden kontinuierlich an Ihr Unternehmen, Ihre Leistungen und Ihre Fachkompetenz – so bleiben Sie kontinuierlich positiv als Experte in Erinnerung.

Stichwortverzeichnis

Verhandeln wie professionelle Ein- und Verkäufer

Jörg Pfützenreuter,
Thomas Veitengruber
Die Everest-Methode
Professionelles Verhandeln
für Ein- und Verkäufer
2015, 230 Seiten, flex. Einb.
ISBN 978-3-86764-549-2

Der Erfolg gibt ihnen Recht: die Everest-Methode von Jörg Pfützenreuter und Thomas Veitengruber ist bei Konzernen und Mittelständlern gleichermaßen gefragt. Seit Jahren coachen sie Vertriebler und Einkäufer und lassen die eine Seite in die Karten der anderen schauen. Am Ende entscheidet die strategische, taktische und psychologische Raffinesse, wer als Sieger vom Verhandlungstisch aufsteht.

Ein Buch für alle, die im Einkauf oder Vertrieb arbeiten und ihr Verhandlungsgeschick um den alles entscheidenden Gipfelmeter voranbringen wollen.

www.uvk.de

UVK